国际精神分析协会《当代弗洛伊德：转折点与重要议题》系列

论《抑制、症状和焦虑》

On Freud's "Inhibitions, Symptoms and Anxiety"

（阿根廷）塞缪尔·阿比瑟（Samuel Arbiser） 主编
（美）乔治·施耐德（Jorge Schneider）

王兰兰　译

化学工业出版社

·北京·

On Freud's "Inhibitions, Symptoms and Anxiety" by Samuel Arbiser and Jorge Schneider
ISBN 978-1-780-49097-7
Copyright © 2013 to Samuel Arbiser and Jorge Schneider for the edited collection, and to the individual authors for their contributions.
All rights reserved.
Authorized translation from the English language edition published by International Psychoanalytical Association.

本书中文简体字版由 The International Psychoanalytical Association 授权化学工业出版社独家出版发行。

本版本仅限在中国内地（大陆）销售，不得销往中国香港、澳门和台湾地区。未经许可，不得以任何方式复制或抄袭本书的任何部分，违者必究。

封面未粘贴防伪标签的图书均视为未经授权的和非法的图书。

北京市版权局著作权合同登记号：01-2023-0686

图书在版编目（CIP）数据

论《抑制、症状和焦虑》/（阿根廷）塞缪尔·阿比瑟（Samuel Arbiser），（美）乔治·施耐德（Jorge Schneider）主编；王兰兰译. —北京：化学工业出版社，2023.10

（国际精神分析协会《当代弗洛伊德：转折点与重要议题》系列）

书名原文：On Freud's "Inhibitions, Symptoms and Anxiety"

ISBN 978-7-122-43818-8

Ⅰ.①论… Ⅱ.①塞…②乔…③王… Ⅲ.①弗洛伊德（Freud，Sigmund 1856-1939)-精神分析-研究 Ⅳ.①B84-065

中国国家版本馆 CIP 数据核字（2023）第 132004 号

责任编辑：赵玉欣　王新辉　王　越　　　　装帧设计：关　飞
责任校对：宋　夏

出版发行：化学工业出版社（北京市东城区青年湖南街 13 号　邮政编码 100011）
印　　装：大厂聚鑫印刷有限责任公司
710mm×1000mm　1/16　印张 14¼　字数 203 千字　2023 年 11 月北京第 1 版第 1 次印刷

购书咨询：010-64518888　　　　　　　　　售后服务：010-64518899
网　　址：http://www.cip.com.cn

凡购买本书，如有缺损质量问题，本社销售中心负责调换。

定　　价：59.80 元　　　　　　　　　　　　版权所有　违者必究

致 谢

在出版这本书的过程中，我们要向所有为实现这一目标而合作的人表示感谢。首先，感谢所有提供了材料的撰稿人，我们相信读者会感到愉快和受到启发。此外，我们还要感谢出版委员会的同事，我们从他们那里得到了持续的支持和睿智的专业意见，特别是前任和现任主席 Leticia Glocer Fiorini 和 Gennaro Saragnano。还应特别提到 Rhoda Bawdekar，她以敏锐的眼光和勤奋的态度确保了该项目没有偏离既定的目标。最后，还要感谢我们的出版商卡纳克图书公司。

Samuel Arbiser & Jorge Schneider

第三辑推荐序

国际精神分析协会（IPA）《当代弗洛伊德：转折点与重要议题》系列已经在中国出版了两辑——共十本，即将要出版的是第三辑——五本。 IPA 组织编写和出版这套丛书的目的是从现在和当代的观点来接近弗洛伊德的工作。一方面，这强调了弗洛伊德工作的贡献构成了精神分析理论和实践的基石。另一方面，也在于传播由后弗洛伊德时代的精神分析师丰富的弗洛伊德思想的成果，包括思想碰撞中的一致和不同之处。丛书读来，我看到了 IPA 更大的包容性。

记得去年暑期，我们在还未译完的这个系列中，选择到底首先翻译哪几本书时，我们考虑了在全世界蔓延数年的疫情以及世界局部地区战争对人们生存环境的影响、新的技术革命带来的巨变给人类带来的不确定性等等因素。选中的这几篇弗洛伊德的重要论文产生于类似的时代背景下，瘟疫、战争和新的技术革命的冲击……今天，当我们重温弗洛伊德的思想时，还是震惊于他充满智慧的洞察力，同时也对一百多年来继续在精神分析这条路上耕耘并极大地拓展了精神分析思想的精神分析家们满怀敬意。如果说精神分析探索的是人性的深度和广度，在人性的这个黑洞里，投注多少力度都不为过。

我想沿着这五本书涉及的弗洛伊德当年发表的奠定精神分析理论基础的论文的时间顺序来谈谈我的认识。

一、《不可思议之意象》

心理治疗的过程可以说是帮助患者将由创伤事件或者发展过程中的创伤

导致的个人史的支离破碎连成整体的过程。

在心理治疗领域，对真相的探寻可以追究到神经科医生们对临床病人治疗的失败。这种痛苦激发了医生们对自己无知和失去掌控的恐惧，以及由此而生的探索真相、探索未知的激情。可以说，任何超越都与直面真相的勇气相连。

在弗洛伊德早期的论文《不可思议之意象》(The Uncanny)(1919)中，他就对他临床发现的"不可思议或神秘现象"做了最具有勇气的探索。

这篇论文的开头晦涩难懂，细读可以发现，他认为，要想理解这些不可思议之处"必须将自身代入这种感受状态之中，并在开始之前唤起自身能够体验到它的可能性……"因而，我将这篇论文的开始部分看作弗洛伊德对不可思议之意象的体验式的自由联想（free association）。

他对不可思议之意象的联想以及对词源学（德语、拉丁语、希腊语）的研究大致将不可思议之意象归结于令人不适的、心神不宁的、阴沉的、恐怖的、（似乎）是熟悉的、思乡怀旧的这样一个范畴。

我在读这篇文章时，感受到一种联想的支离破碎，这不是 free association（自由联想），而是 disassociation（解离），一种创伤的常见现象（在早年儿童的正常发展时期也可见这种防御现象）在弗洛伊德身上被激活。果然，他接下来以一个极端创伤的文本和自己的、听起来不可思议的亲身经历来进一步理解和描述这种意象。也许这样看来，批评者要批评他的立论太主观，随后，读者也会看到在他的一生中，他是如何与这种主观作战的，这也是他几次被诺贝尔生理学或医学奖提名而不得的主要原因，精神分析从来就不是纯粹意义上的科学。

弗洛伊德发现这种"不可思议之意象"还有个特点就是不自觉的重复。他写道：当我们原本认为只不过是"偶然"或"意外"的时候，这一因素又将某种冥冥之中、命中注定的东西带到我们的信念中……必须解释的是，我们能够推断出无意识中存在的某种"强迫性重复"（repetition compulsion）在起主导作用。受压抑的情节产生不可思议之感。这种重复似乎依附着一个熟悉的"魔鬼"。

弗洛伊德进而认为，不可思议的经历是由一个被压抑和遗忘的熟悉物体的重新出现触发的（触发提示了应激）。因为这种触发，在短时间内，无意识和有意识之间的界限变得模糊。个人的认同感是不稳定的，自我和非自我之间的界限是不确定的。这种经历有一种难以捉摸的品质，但一旦到达意识层面，就会消失，而刚才经验的事件给主体带来陌生感，给主体带来一种"刚才发生了什么""我到底做了什么"的疑惑。我认为这形象地描述了解离现象。现今，我们可以非常清楚地看到弗洛伊德的《不可思议之意象》这篇论文中的多重主题，预示了精神分析理论的许多重大发展：诸如心理创伤的被激活以及心理创伤的强迫性重复的属性，作为心理创伤防御的双重自我的发现；不可思议之意象和原初场景（the primal scene）再现之间的联系；不可思议之意象作为艺术和精神分析经验的基本部分；等等。弗洛伊德的发现像打开了的潘多拉的盒子，在这本书里，作者们不只对不可思议之意象的临床动力学进行了探讨，更是在涉及广泛人性的文学、美术、历史等等方面进行了探讨。

二、《超越快乐原则》

紧随《不可思议之意象》之后，1920年，弗洛伊德思想的又一个重要结晶《超越快乐原则》一文问世。"死本能"概念横空出世。"不可思议之意象"和"死本能"概念的出现是精神分析史上的一个转折，这两件事都让人们困扰。两者都激发人们很多的负性情绪体验，想要去否认和拒绝，也让精神分析遭到许多的攻击。甚至今天在翻译此文的文字选择上也让出版人小心翼翼。然而，人类反复被它们创伤的事实让我们不得不重新回顾它们，重新认识它们。

弗洛伊德最初的人类动机理论（Freud，1905d，1915c）认为有两种基本的动机力量存在："性本能"和"自我保存本能"。前者通过释放寻求性欲的愉悦，实现物种繁衍的目的；后者寻求安全和成长，实现自我保存的目的。这两种本能也被称为"生本能"。

在《超越快乐原则》中出现的"死本能"则是一个新概念：它指的是一种"恶魔般的力量"，寻找心身的静止，其最深的核心是寻求将有生命的事物还原为最初的无生命状态。

精神分析理论因此转变而受到地震式的冲击，各种攻击铺天盖地。在这里弗洛伊德早期有关"施虐是首要的、受虐是其反向形式的最初构想被推翻了"；在"死本能"概念中，将"受虐作为首要现象，而施虐则是其外化的结果"。

"快乐原则"(Freud，1911，1916—1917)在心理生活中的至高支配地位也受到了质疑。还有另一个难题是关于重复，1920年对它的解释完全不同于1914年的文章《记忆、重复和修通》(1914g)中的解释。

本能理论修改的三个主要后果：

1. 将攻击性提升为一种独立的本能驱力；
2. 早先提出的自我保存本能在无意中被边缘化；
3. 宣称死亡是一种毕生的、存在性的关切，无论后面伴有或不伴有所谓的"本能"。

总结一下就是，弗洛伊德将性本能和自我保存本能都称为"生本能"，把攻击性提升为一种独立的本能驱力。宣布这种攻击性驱力是死本能的衍生产物，而死本能与生本能一起，构成了生命斗争中的两种主要力量。

确立攻击性的稳固核心地位也为人类天生具有破坏性的观点提供了一个锚点。

梅莱尼·克莱因(Klein，1933，1935，1952)虽然从一开始就拥护这一概念，但她的工作仍然集中于死本能的外化衍生物上，这导致了对"坏"客体、残酷冲动和偏执焦虑的产生的更深入的理解。她的后继者们的贡献(Joseph，本书第7章；Bion，1957；Feldman，2000；Rosenfeld，1971)通过论证死本能对心理活动的影响，扩展了死本能概念的临床应用。他们强调了这种本能的能力，它可以打断精神连接，最终达到其"不存在"的目的。在他们看来，死本能实际上并不指向死亡，**而是指向破坏和扭曲主体生命和主体间性生命的意义和价值。**

在弗洛伊德逐渐增加的对人性的冷峻思考后，精神分析思想的继任者中有一批人(如克莱因、比昂等)拥护这一理论但强调死本能的外化衍生意义。还有另外一批人则被称为温暖的精神分析家，如：巴林特(Balint，1955)提出了一个非性欲的"原初的爱"(primary love)的概念，类似于自发维持依恋的需要；温尼科特(Winnicott，1960)谈到了"抱持的环境""自我的需要"(ego needs)，凯斯门特(Casement，1991)将这一概念重新定义为"成长的需要"(growth needs)，由此将其与力比多的需求区分开来；而在北美，科胡特(Kohut)创立的自体心理学理论弥补了巴林特和温尼科特在北美的不受重视，为精神分析的暖意增加了浓墨重彩的一笔。但是，即使暖如科胡特这样的分析家也是在对人类冰冷创伤的深刻洞见下，强调了生命的存在需要共情的抱持。

目前正在通过网络在中国教学的肯伯格大师也属于人性的冷峻的观察者。他认为从更广泛的意义上讲，生本能和死本能是驱使人类一方面寻求满足和幸福，另一方面进行严重的破坏性和自我破坏性攻击的动力，他强调这种矛盾性。他认为有种乐观的看法，即假设在早期发展中没有严重的挫折或创伤，攻击性就不会是人类的主要问题。死亡驱力与这种对人性更为乐观的看法大相径庭。作为人类心理学核心的一部分，死亡驱力的存在非常不幸地是一个在实践中存的问题，而不仅仅是一个理论问题。如前所述，在底层，所有潜意识冲突都涉及某种发展水平上的爱与攻击之间的冲突。

也许是为了避免遭受与弗洛伊德一样的批评，或者是随着科学在弗洛伊德以后百年的发展，肯伯格更加谨慎地相信死本能至少在临床上是很有意义的，他也强调了在特殊文化下（如希特勒主义和恐怖主义中）死本能的问题。

肯伯格认为精神分析界目前正在努力解决的问题是：驱力是否应该继续被认为是原始的动机系统，还是应该把情感作为原始的动机系统（Kernberg, 2004a）。而情感是与大脑神经系统相关的。

现在肯伯格已经不是唯一持这种观点的人。他们认为情感构成了原始的动机系统，它们被整合到上级（指上一级大脑）的正面和负面驱力中，即力比多驱力和攻击性驱力中。这些驱力反过来表达它们的方式，是激活构成它们的不同强度的情感，通过力比多和攻击性投注的不同程度的情感表现出来。简而言之，肯伯格相信情感是原始的动机。

肯伯格对不同程度的精神病理，对强迫性重复的"死本能"的理解令人印象深刻。实际上重复与自恋相关，温尼科特的名言是"没有全能感就没有创伤"。肯伯格认为：强迫性重复可能具有多种功能，对预后有不同的影响。有时，它只是重复地修通冲突，需要耐心和逐步细化；另一些时候，代表着潜意识的重复与令人挫败或受创伤的客体之间的创伤性关系，并暗暗地期望，"这一次"对方将满足病人的需要和愿望，从而最终转变为（病人）迫切需要的好客体。

"许多对创伤性情境的潜意识固着都有上述这样的来源,尽管有时这些固着也可能反映了更原始的神经生物学过程。这些原始过程处理的是一种非常早期的行为链的不断重新激活,这种行为链深深植根于边缘结构及其与前额皮质和眶前皮质的神经连接中。在许多创伤后应激障碍的案例中,我们发现强迫性重复是一种对最初压倒性情况的妥协的努力。如果这种强迫性重复在安全和保护性的环境中得到容忍和促进,问题可能会逐渐解决。"

然而,在其他案例中,特别是当创伤后应激综合征不再是一种主动综合征,**而是作为严重的性格特征扭曲背后的病原学因素起作用时**,通俗地说,当创伤事件在人格形成的初始阶段(即童年)就发生,并且在成年早期反复发生导致人格障碍时,强迫性重复可能是在努力地克服创伤情境,但潜意识却在认同创伤的来源。病人潜意识认同创伤的施害者,同时将其他人投射为受害者,病人潜意识地重复着创伤情境,试图将角色颠倒,就好像世界已经完全变成了施害者和受害者之间的关系,将其他人置于受害者的角色(Kernberg,1992,2004)。这样的反转可能为病人提供潜意识的胜利,于是强迫性重复无休止地维持着。还有更多恶性的强迫性重复的临床发现,比如所谓的"旋转门综合征""医生杀手",患者出于想胜过试图提供帮助的人的潜意识感觉,而潜意识地努力破坏一段可能有帮助的关系,只是因为嫉妒这个人没有遭受病人所遭受的心灵痛苦。这是一种潜意识的胜利感,当然与此同时,病人也杀死了自己。

简而言之,强迫性重复为无情的自我破坏性动机理论提供了临床支持,这种破坏性动机理论是死亡驱力概念的来源之一(Segal,1993),在最严重的情况下,对他人的过度残忍和对自己的过度残忍往往是结合在一起的。

强迫性重复在临床和生活中也呈现最轻微的形式:"他们由于潜意识的内疚而破坏了他们所得到的东西,这种内疚感通常是与被深深地抑制的俄狄浦斯渴望(因为过于僵硬的超我)有关,或与对需要依赖的早期客体的潜意识攻击性(爱与恨的矛盾情感)有关。这些发展(水平的病人)比较容易理解,也比较容易治疗;在此,自我破坏是为了让一段令人满意的关系得以发展而必须付出的'代价',其原始功能不是破坏一段潜在的良好关系。"这类似于药物治疗的副反应。

在这本书冷峻的基调里,我们还是看得见人性温暖的一面,也就是强迫性重复的自愈功能，以及临床工作者与患者一起为笼罩着死亡气息的严重创伤寻找的生路。

肯伯格认为创伤、病理性自恋和强迫性重复的预后取决于多种因素，其中，拥有基本的共情能力，总体来说是有道德良知的，对弱者感到关切，在工作、文化、政治、宗教中有一个真正的稳定的理想，这些都是预后良好的因素。

最后，现年 95 岁的肯伯格认为，至少临床上应该支持死亡驱力的概念。

三、《防御过程中自我的分裂》

接下来，我们来到《防御过程中自我的分裂》。与此相关的是：研究发现创伤、重复和死亡驱力后，这些人怎么存活下来的问题也如影相随。虽然在弗洛伊德最早的著作［1895 年的《癔症研究》(*Studies on Hysteria*)］中，他就提出了"分裂"的概念，但这个概念直到在他很久以后的著作中才在理论上得到解决。1938 年，在《精神分析纲要》一书中，他将"分裂"描述为一种"防御过程中的自我分裂"。这是人类面对创伤自我的感知时的防御，感知部分地被接受，同时部分地被否认，在心智中导致两种相反的态度共存，而又显然彼此"和平共处"，但这种在自我感知和驱力之间的分裂线上刻入的缺口，将成为所有后续创伤的断裂来源。

弗洛伊德认为人类的心智有能力将痛苦的经历隔离开来，或者主动尝试将自己与这些经历隔离开来。

自 1938 年以来，这些概念在精神分析领域经历了许多发展和修改。

最重要的贡献来自梅莱尼·克莱因。由弗洛伊德引入，后来被克莱因、比昂和梅尔泽修改的这个概念的新颖独创性，在于提出自体的两个或多个部分在精神世界中分裂，并继续生活在相伴随但彼此隔离的生活中，根据它们各自的心理逻辑运作，过着不同的生活。

克莱因的工作阐明了就"好与坏"客体而言，客体的分裂这一观点。她的许多追随者都研究过病理性分裂的各个方面，特别是在临床的"边缘"或"非神经症"状态。这些概念在精神分析领域经历了许多发展和修改，当今的看法是：分裂机制诸如否认、投射性认同、理想化等是基本的心理组织方式之一。这些假设和概念已经成为当前精神分析实践的特征。

今天，无论它是作为一种防御机制还是心智构建过程，我们不再质疑是否存在一种被称为"分裂"的心理现象，目前我们想知道的是：它如何参与心理建构、它产生了什么影响，以及自体和客体的分裂部分如何恢复。

1978 年，梅尔泽在其开设的关于比昂思想的入门课程中讲道：对于不熟悉"分裂"和"投射性认同"概念使用的人，以及那些可能对这些概念有点厌倦的人来说，可能很难意识到克莱因夫人 1946 年的论文《关于一些分裂机制的笔记》(*Notes on Some Schizoid Mechanisms*) 对那些与她密切合作的分析师产生的震撼人心的影响。除了比昂后期的作品之外，可以说，未来三十年的研究历史可以由现象学和这两个开创性概念的广泛影响来书写（Meltzei, 1978）。

从弗洛伊德之前的精神病学，到弗洛伊德，再到克莱因和费尔贝恩，最后到比昂，"分裂"一词的含义历史悠久而错综复杂。这一术语的含义和不同作者构思其作用的方式，根据参与本书写作的不同作者的共时性和历时性解读而有所不同。

对于克莱因来说，这个概念似乎与未整合（non-integration）状态的概念混合在一起，这是她得自温尼科特的一个概念，是活跃分裂之前的一种状态。在这种情况下，分裂并创造第一个心理结构，而与之相伴开始行使功能。

比昂更进一步，提出不仅自体的部分可以被分裂，心理功能也可以被分裂。

心理分裂更直接的后果是精神生活的贫乏。当病人从痛苦和无法承受的情绪中分离出来时，他也能够从拥有那种情绪的那部分自体中分裂出来。他认为这导致精神的贫乏，这种贫乏以各种形式发生，人就失去了精神生活的连续性，因此人对自己的感受和行为负责的能力也就减弱，进而干预和掌控自己命运的能力受到严重影响。由于情感体验之间失去连接而分裂，象征化的能力和建构心理表征的可能性明显受到阻碍。

托马斯·奥格登（Thomas Ogden, 1992）将这两种位置（偏执分裂位和抑郁位）定义为"'产生体验的手段'，这对个体在成为自己历史的一部分和产生自己的历史（或不能这样做）方面的作用以及主体性的辩证构成的议题，进行了非常丰富的反思。一种产生体验的非历史性方法剥夺了个体所谓的我性（I-ness）"，换句话说，我性是指"通过'一个人的自体和一个人的感官体验之间的中介实体'来诠释他自己的意义的能力"。

分裂造成的历史不连续感导致情感肤浅，这也影响了一个人与自己的自体，或如克莱因学派所说的内部客体之间，保持鲜活的亲密对话的可能性。

比昂认为：在记忆或心理功能之间建立障碍所指的不仅是自体部分之间的分裂，而且是心理功能的分裂，分裂的机制通过破坏或碎片化情感体验的意义，干扰了人类精神生活的核心结构，继而也使产生象征的能力趋向枯竭。

在这种情况下，精神分析会谈中对潜意识分裂产生的洞察力，将病人从一种带来伤害的构建生命历史的方式中解放出来，这种方式被过去的情感经历严重限制，导致自动重复（强迫性重复模式），并生活在再次被创伤的危险氛围中。

在这种背景下，整合分裂的部分，还具有释放潜能的功能。

"重要的是要强调，修复过去的创伤情境只有通过整合自体分裂部分才有可能。"

在今天的精神分析中有一个共识，即反移情起源于投射性认同的过程，因此以分裂作为基础。通过投射性认同，病人将自体的一些方面（或全部）投射/分裂到分析师身上。分析师（投射性认同的接受者）在投射中暂时成为被病人否认/分裂的那些方面。他将自己转变为因病人存在冲突而不能存在的我——自体。因此，病人的投射部分，总是指自体的分裂部分，在分析师的主体性中被客体化。奥格登（Ogden，1994a）指出，在医患的投射性认同中，主体间性就诞生了。我理解这就是创造性，医患双方都得以再创造。

这样的创造让我们以有情感反应的方式生活在一个持续不稳定的世界中，而这些情感中不仅仅是恐惧。今天，重新整合自体和客体的分裂部分，不仅与重建过去的创伤有关，最重要的是，还与个体将自己视为其历史的主体的可能性有关。

四、《抑制、症状和焦虑》

我们终于来到了精神病学中最重要的现象学——焦虑。当今的科学精神病学（在此处主要指生物精神病学）对焦虑障碍有很大的人力、物力的投入，希望在不久的将来能看到重要的突破。

《抑制、症状和焦虑》毫无疑问是弗洛伊德最重要的理论论文之一。该论文写于1925年，它包含了精神分析在接下来的几年里所取得的几乎所有发展的种子。焦虑作为一个症状、一个显著的现象学特征，无处不在地充斥在每个环节中。为焦虑寻源毫无疑问成为弗洛伊德必须要完成的任务。为了实现自己的目标，他依靠了广泛的人文教育，这种教育由早熟的好奇心和阅读经典来推动，他甚至在维也纳创办了自己的西班牙语学院，以完成用原始语言阅读Don Miguel de Cervantes Saavedra的《堂吉诃德》。因此，由于这种永不熄灭的求知欲，他熟悉了人性中最肮脏的隐秘角落，也熟悉了最高尚的角落。严谨研究者的精神是他的另一个个性组成部分，体现在他的作品中。这一品质是在布鲁克和梅内特的实验室中形成的，他在那里以神经生理学家的身份进行训练和研究。这两个实验室都被视为他那个时代科学实证主义的杰出机构。

对"潜意识"的发现会质疑理性意识，但他从未失去过认识论上的现代主义和批判精神。他没有质疑或否定对有意识的头脑的需要，更重要的是对可理解性的需要，以实现对概念和理论的阐述。

他第一次进入焦虑问题可以追溯到1893年与Wilhelm Fliess的通信，而后在长达近四十年的众多著作中继续探讨，并延伸到1932年至1933年的《精神分析新论》（Freud, 1933a），这也是他那个时代前精神分析医学风格的典范。他将"焦虑神经症"与"神经衰弱症"（Freud, 1895）分开，他阐述了他的第一个焦虑理论，将其定义为由心理能力不足或这种兴奋的累积所导致的心理上无法处理过度的躯体性兴奋。在这里，性唤起最终转化为焦虑。

现代精神病学将其纳入"焦虑障碍"一词中，他逐渐从"身体上的性兴奋"转变为心理上的力比多（libido）"性欲"，正是这种性欲，而不是通过适当的性行为，转化为焦虑。这可以被认为是他第一个焦虑理论的顶点。他第一次不仅处理了"神经症性"焦虑，还处理了"真实"焦虑，以及两者之间的关系；这使他在两种情况下都发展出了"危险情境"这一主题，即焦虑是对感到危险的应对。他提出了"物种癔症"的假设，并为这种情感的生物学意义开辟了道路。在不断的探索中，他发现焦虑是由自我产生的，而不是本能，他以这样的方式放弃了最初力比多转化为焦虑的说法，他以酒转化为醋的化学反应为基础来进行比喻。他认为焦虑也不是潜抑的结果，正是焦虑促进了潜抑。由此，他的第二个焦虑理论形成。

此外，因为肯定了人类系统发育和动物生活中情感的生物学显著意义。他还提出了一个与现代神经科学联系的桥梁，我们可以在《抑制、症状和焦虑》一文中找到帮助我们建立适应我们时代的精神分析疾病分类学的理论元素。

随后随着精神分析的发展，温尼科特在二十世纪四五十年代、科胡特主要在六十年代进入这一领域，他们将自我紊乱的焦点从以驱力为中心的固着转移到发展中的停滞。婴儿依赖母性的照顾来获得安全的氛围和安全的内部环境基础，这一点至关重要。要促进心理的发展，父母和孩子之间必须进行更多沟通。但是即使在婴幼儿期间，父母和孩子之间有最令人满意的经历，照料中也会出现中断和不可避免的失败。这些挫折会导致婴儿不同程度的痛苦，表现为烦躁、紧张、反应性愤怒和焦虑。这就是所谓"good enough mother"（六十分及格）父母的来源。

在这一本书里，还展示了IPA重大的变革，它包含拉康派（早期被IPA开除）学者论焦虑的文章。他认为当现实客体的消失所产生的焦虑指的是这样一个事实：驱力还在那个现实客体消失的地方存在，它"要求"丧失物的象征和想象的存在。只要丧失的东西被带走，悲伤就会出现，而悲伤所带来的焦虑和痛苦也会随之而来。这种表述与弗洛伊德的《哀伤与忧郁》一文所表述的何其一致，这也体现了拉康后期的观点：回到弗洛伊德。

然而，随着二十世纪的发展，尤其是从二十世纪五十年代末开始，到二十世纪后半叶，关于大脑的研究取得了重大进展，神经科学包括神经解剖学、神经生理学、神经生物学和神经心理学，已经成为一门多方面的学科，并以较快的速度发展。对一些精神分析学家来说，这些发现显然有助于推进精神分析理论的发展。在婴儿早期发育中，记忆和记忆系统，以及情绪，特别是恐惧和焦虑方面的研究发现，被认为是有助于不断完善基本理论原则的领域，而广泛的概括可以被更详细地划分和研究。

重要的是要记住，疼痛、恐惧和焦虑，尤其是预期焦虑，是一种警告系统，告诉我们身体完整性面临危险或威胁；这些系统具有保护作用，不仅对生存至关重要，而且对维持健康也至关重要。尽管表面上看起来有违直觉，但我们需要不快乐才能获得快乐，因为如果没有我们的恐惧和焦虑系统，我们将处于危险之中。

回到弗洛伊德最后一个焦虑理论至关重要的攻击性方面，即信号焦虑。

当他提出这个概念时，信号焦虑警告危险并动员防御。这就是他在《抑制、症状和焦虑》中所说的："对不受欢迎的内部过程的防御将以针对外部刺激所采取的防御为模型，即自我以相同的方式抵御内部和外部危险。"

总之，一百年后，随着神经科学的发展，弗洛伊德的身份认同——神经科医生身份与精神分析创始人身份，达到了更进一步的整合。这套丛书也展示了当今国际精神分析协会的观点。

五、《论开始治疗》

本套丛书在众多的令人头痛的理论探索之后，终于来到了也许是专业读者们最关心的问题，怎样做精神分析治疗。在这个环节，我不想做更多的赘述，丛书编辑 Gennaro Saragnano 的这段描述就相当简洁和精彩：

"《论开始治疗》（1913）是 Freud 最重要的技术文章之一，这是他在 1904 年至 1918 年间研究的主题。这篇论文阐述了精神分析的治疗基础和条件，为分析实践提供了坚实的参考。弗洛伊德把技术说成是一门艺术，而非一组僵化的规则，他总是考虑到每一种情况的独特性，虽然自由联想和悬浮注意的基本方法被指定为精神分析的方法，这将它与暗示区分开来。"

在这本书中，来自不同精神分析思想流派和不同地理区域的十位著名精神分析师，将当代的技术建议与弗洛伊德建立的规则进行对质。根据分析实践的最新进展，这本书重新审视了以下重要问题：当今开始一个分析的条件；移情和联想性；精神分析师作为一个人的角色扮演与主体间性；当代实践中的基本规则阐述；诠释的条件和作用；以及在治疗行动中充满活力的驱力。

回到本文的开头，针对弗洛伊德方法的主观性的不足，精神分析治疗开始要求精神分析师进行严格的、长期的（基本长达四到五年）、高频的（每周四次）分析。这也与精神分析理论的"受虐在施虐之前"相一致。难道成长不是一场痛苦的旅行？痛过之后才能对人生的终极命题——死亡——坦然接受吧！

童俊

2023 年 8 月 1 日星期二 于武汉

国际精神分析协会出版委员会第三辑[1]

出版说明

这个重要的系列由罗伯特·沃勒斯坦（Robert Wallerstein）创立，随后由约瑟夫·桑德勒（Joseph Sandler）、埃塞尔·S. 珀森（Ethel Spector Person）、彼得·冯纳吉（Peter Fonagy）编辑，最近由利蒂西娅·格洛瑟·菲奥里尼（Leticia Glocer Fiorini）编辑，它的重要贡献引起了各流派精神分析师的极大兴趣。因此，作为国际精神分析协会出版委员会的新主席，我非常荣幸地延续这一成功系列的出版。

本系列的目的是要从现代和当代的视角来看待弗洛伊德的作品。一方面，这意味着突出其作品的重要贡献——它们构成了精神分析理论和实践的坐标轴。另一方面，这也意味着我们有机会去认识和传播当代精神分析师对弗洛伊德作品的看法；这些看法既有对它们的认同，也有批判和反驳。

本系列至少考虑了两条发展路线：一是对弗洛伊德的当代解读，重新回顾他的贡献；二是从当代的解读中澄清其作品中的逻辑观点和理论视角。

弗洛伊德的理论已经发展出很多分支，这带来了理论、技术和临床工作的多元化，这些方面都需要更多的讨论和研究。为了在日益繁杂的理论体系中兼顾趋同和异化的观点，有必要避免一种"舒适和谐"的状态，即不加批判地允许各种不同的理念混杂在一起。

因此，这项工作涉及一项额外的任务——邀请来自不同地区的精神分析

---

[1]《当代弗洛伊德：转折点与重要议题》（第三辑）简称"第三辑"。——编者注

师，从不同的理论立场出发，使其能够充分表达他们的各种观点。这也意味着读者要付出额外的努力去识别和区分不同理论概念之间的关系，甚至是矛盾之处，这也是每位读者需要完成的功课。

能够聆听不同的理论观点，也是我们锻炼临床工作中倾听能力的一种方式。这意味着，在倾听中应该营造一个开放的自由空间，这个空间能够让我们听到新的和原创性的东西。

本着这种精神，我们将深深扎根于弗洛伊德传统的学者和其他发展了弗洛伊德作品中没有明确考虑到的理论的学者聚集在一起。

《抑制、症状和焦虑》毫无疑问是弗洛伊德最重要的理论著作之一。这本书写于1925年，它包含了精神分析在接下来的几年里所取得的几乎所有发展的种子。

感谢主编Samuel Arbiser和Jorge Schneider的精心组织，本书中收集了一系列杰出的精神分析学家的文章，他们正确地分析了弗洛伊德的作品，并使我们共同的理论技术基础更有深度、更坚实。

因此，特别感谢这套丛书的贡献者们，他们丰富了《当代弗洛伊德：转折点与重要议题》系列。

Gennaro Saragnano
IPA出版委员会主席

目 录

001　**导 论**
　　塞缪尔·阿比瑟（Samuel Arbiser）

009　**第一部分　抑制、症状和焦虑**（1926d）
　　西格蒙德·弗洛伊德（Sigmund Freud）

075　**第二部分　关于《抑制、症状和焦虑》的讨论**

077　1　焦虑与危险的相关性：心理功能的变迁
　　奥拉西奥·罗坦伯格（Horacio Rotemberg）

089　2　论在《抑制、症状和焦虑》中弗洛伊德关于原始焦虑
　　　思考的复杂性和关系本质：与克莱因的区别和联系
　　雷切尔·B. 布拉斯（Rachel B. Blass）

101　3　温尼科特和科胡特：他们的焦虑理论
　　肯尼思·M. 纽曼（Kenneth M. Newman）

108　4　原始焦虑、驱力和对进步运动的需求
　　卢西安·法尔考（Luciane Falco）

119　5　从拉康的角度对《抑制、症状和焦虑》的澄清和评论
　　莱昂纳多·佩斯金（Leonardo Peskin）

134	6 焦虑的精神分析理论：重新考虑的建议
	爱德华·纳塞斯安（Edward Nersessian）

145	7 创伤性诱惑和性抑制
	埃尔莎·施密德-基齐普斯（Elsa Schmid-Kitsikis）

158	8 《抑制、症状和焦虑》的理论建构与临床研究
	乔瓦尼·福尔斯蒂（Giovanni Foresti）

174	9 成年子女的死亡：哀悼的当代精神分析模式
	乔治·施耐德（Jorge Schneider）

184	10 意想不到的临床体验：重新思考情感
	塞缪尔·阿比瑟（Samuel Arbiser）

193	**参考文献**

201	**专业名词英中文对照表**

导 论

塞缪尔·阿比瑟（Samuel Arbiser）[1]

---

[1] 塞缪尔·阿比瑟是一名医生，布宜诺斯艾利斯精神分析协会的正式会员，Apde BA 心理健康大学研究所（IUSAM）讲师，IPA 出版委员会委员。

除了构成当代西方思想的一个基本里程碑外，Sigmund Freud 的不朽著作集为精神分析学家构建和发展他们今天所处的精神分析大厦奠定了理论技术基础。

这座建筑的风格如此多变，如此异质，有时甚至相互矛盾，但它因为弗洛伊德建构的基础而屹立不倒。事实上，这本书试图通过来自世界不同地区的精神分析学家撰写的不同章节和保持的不同范式，展示这种丰富的异质性，以及由于 Freud 的理论基础而将这些多样性联系在一起的无形线索。

在此背景下，我强调的 Freud 著作的一个特点是，当我们能够从不同角度研究它时，我们有可能看到一条不断改进的道路，在那里，思想和概念被重新表述，并随着临床事实、方法论和认识论资源的需要而变得更加复杂。《抑制、症状和焦虑》这本书是对此无可辩驳的证明。

这一特征可能与精神分析创作者本人的一些个人特征不无关系。毫无疑问，Freud 之所以从事这项工作，是因为他意识到自己在一项创新任务中发挥着主导作用，而要完成这项任务，就需要一种不可动摇的意志来克服来自已知和公认的阻力。为了实现自己的目标，他依靠了广泛的人文教育，这种教育由早熟的好奇心及对阅读经典作家和同时代作家作品的渴望所推动，他在维也纳创办了自己的西班牙语学院，以完成用原始语言阅读 Miguel de Cervantes Saavedra 的《堂吉诃德》。因此，由于这种永不熄灭的求知欲，他熟悉了人性中最肮脏的隐秘角落，也熟悉了最高尚的角落。严谨研究者的精神是他的另一个个性组成部分，体现在他的作品中。这一品质是在布鲁克和梅内特的实验室中形成的，他在那里以神经生理学家的身份进行训练和研究。这两个实验室都被视为他那个时代科学实证主义的杰出机构。

尽管 Freud 被认为是 20 世纪后现代主义的先驱、"怀疑大师"之一，但在我个人看来，他从未失去过认识论上的现代主义和批判精神。许多精神分析学家不同意这一说法，因为无意识的发现会质疑理性意识。据我所知，这一决定性的发现并没有质疑或否定对有意识的头脑的需要，更重要的是，对可理解性的需要，以实现概念和理论的阐述。他的焦虑理论在他的《抑制、症状和焦虑》一书中得到了完善，正如他的许多其他理论和公式一样，表达了他对理性和批判精神的持久忠诚，以及他多年来努力阐述的真理的暂时地位。因此，他第一次进入到焦虑问题可以追溯到 1893 年与 Wilhelm Fliess 的通信，在长达近四十年的众多著作中继续并延伸到 1932 年至 1933 年的《精神分析新论》（*New Introductory Lectures on Psychoanalysis*）（Freud, 1933a），这也是他那个时代前精神分析医学风格的典范，是他将"焦虑神经症"与"神经衰弱症"（Freud, 1895）分开，而在这一章节中，他阐述了他的第一焦虑理论，将其定义为心理上无法处理的过度的躯体性兴奋，这要么是心理能力不足的结果，要么是这种兴奋的积累。在这里，性唤起最终转化为焦虑。在这篇精彩的文本中，同样值得一提的是，他与朋友 Leopold Löwenfeld 争执的起源，这种符号学的精雕细琢在以焦虑为特征的临床病例的多样性中保持了充分的有效性，现代精神病学将其纳入"焦虑障碍"一词中，他逐渐从"身体上的性兴奋"转变为心理上的力比多（libido）"性欲"，正是这种性欲，而不是通过适当的性行为，转化为焦虑。第一个将"真实"神经症与"精神神经症"区分开来的弗洛伊德精神病理学是基于性兴奋向"躯体"和"精神"的转变和划分。在他关于"潜抑"的元心理学著作（Freud, 1915）和《论潜意识》（Freud, 1915e）中，力比多作为一个"自由量"，在潜抑过程中与"被表征的表征"结果分开，有各种可能的目的地，其中之一是转变为焦虑。以这种方式，它与各种经典的精神神经症交织在一起，意味着它同时涉及元心理学和精神病理学领域。很快，在他的《精神分析导论》（Freud, 1916—1917）第 25 讲中，他以一种清晰简洁的风格阐述了这一点，这种风格更适合于面向公众的演讲，基于迄今为止获得的一系列发现，这可以被认为是他第一焦虑理论的顶点：焦虑是力比多转变的产物，这种"自由力比多"是将"数量"与"表征"分开的潜抑的结果。在这里，他第一次不仅处理了"神经症性"焦虑，还处理了"真实"焦虑，以及两者之间的关系；这使他在两种情况下都发展出了"危险情境"这一主题。他还形成了关于情感的一般理论，其中包括焦虑，提出了"物种癔症"的假设，并为这种情感的生物学意义开辟了道路。在这段简短的旅程的下一站，我们已经发现《抑制、症状和焦虑》（Freud, 1926d）实际上是《精神分析导论》的主要主题。阅读此书时，很难不为一位 70 岁老人的活力和决心感到惊讶，他对自己以前的理论进行了如此彻底的改革。"结构认同"理论、"死亡驱力"的引入，甚至更重要的是"精神装置的结构理论"，无疑迫使他朝着这个方向前进，但这一事实并没有使他的行动变得不那么勇敢。与上述第 25 讲的明确风格形成对比的是，在本书中，作者一章接一章地给出陈述、纠正和提出不确定性，留下了未完成的内容，迫使他起草一份附录，以部分克服这些困难。尽管他在"实际神经症"（actual neuroses）方面留下了空白，但他强调焦虑是由自我产生的，以这样的方式他放弃了最初力比多转化为焦虑的说法，以酒转化为醋的化学反应为基础来进行比喻。焦虑也不是潜抑的结果，正是焦虑促进了潜抑，值得一提的是，它只是众多防御机制中的一种。他的第二焦虑理论现已形成。伴随着这些附有简短注释的显著改变，这本书代表了精神分析概念框架各个方面的顶点。事实上，一方面可以区分出一种理论趋势，另一方面可以区分 Freud 对精神病理学的综合修正，此外，它还可以作为与现代神经科学联系的桥梁，因为它肯定了情感在人类系统发育和动物生活中显著的生物学意义。

正如本文开头所提到的，当前的精神分析大厦呈现出一个基于弗洛伊德基础的多样化外观。本书的撰稿者也正是基于地理多样性和当前范式的多样性而选择的。

Horacio Rotemberg 认为，Sigmund Freud 在整个工作中重塑了他的理论信念，这与他的临床实践和一些论文中的强势风格相一致。他的一些文章清楚地证明了他不断变化的理论思维时刻。这在《抑制、症状和焦虑》一文中尤为明显。该文中，他以前的观点包含在新的理论中。本章作者的目的是基于 Freud 在那篇文章中综合的焦虑新概念，关注理论的复杂性。他说，从这个角度来看，我们可以在《抑制、症状和焦虑》一文中找到帮助我们建立适应我们时代的精神分析疾病分类学的理论元素。

Rachel·B. Blass 对 Freud 在《抑制、症状和焦虑》中关于焦虑的主要来源的表述进行了仔细研究，并对 Klein 如何偏离这些表述进行了分析，通过这项研究，她所做的贡献挑战了 Freud 和 Klein 焦虑理论的共同解释，以及他们之间理论差异的原因。在这一过程中，对焦虑的分析论述以及 Freud 和 Klein 思想中未被认可的维度有了新的认识，这些维度共同为深入理解人类最基本恐惧的复杂本质提供了框架。

Kenneth·M. Newman 表示，在 Winnicott 和 Kohut 的理论中，兴趣点

从与超我冲突的驱力中心转移到与主要照料者关系的紊乱。重点是由于环境的失败（Winnicott）或父母的自体客体失败（Kohut）而无法获得安全的自体意识。焦虑的根源实际上有两个方面：错误或有害客体的内化导致脆弱或易破碎自体；此外，同样重要的是，自体客体无法承受与错误照料相关的情感，因此，孩子的心理结构不断受到从未安全整合的破坏性情绪的威胁。

与此同时，Luciane Falcão 提出，通过对生与死的本能运动的理解，提高对 Freud 所说的原始焦虑的理解。她理解这种死亡冲动的行为是一种力量，它能够引发一种不平衡，进而导致一条退行之路，或回归到原始焦虑，如当自体经历一种无法停止的痛苦，或一种无法找到满足的需要时，所产生的经济状况也是一样的：身体上的遗弃会在精神上的遗弃中得到体现。因此，她说，一种不受束缚但却不断等待连接而无法获得连接的解脱的力比多，将耗尽自体的自恋性力比多，就像出血一样，将自己置于死亡的摆布之下。与 Freud 一起思考，她明白，如果原始焦虑不经历一个将自身转化为信号焦虑的过程，它将仍然是一种类似于遗弃的体验，承受着死亡冲动，这将在进步道路上设置障碍。

接下来，Leonardo Peskin 写到，在《抑制、症状和焦虑》一书中，Freud 重新组织了先前的理论，并就不同的理论和临床问题做出了贡献。根据 Freud 的观点，Lacan 为形成标题的轴提供了层次结构：抑制、症状和焦虑。在这个轴上，他将主体的不同可能的位置设置在"客体小 a"前面，这个"客体小 a"会引起痛苦。对 Peskin 来说，与 Freud 相反，Lacan 认为痛苦并不缺乏客体，而是客体是"客体小 a"。因此，对 Lacan 来说，痛苦是一种不会欺骗人的感觉或基本情感。基于上述概念，Lacan 认为，当他的三界（想象的、象征的和实在的）被解决时，可能的情感世界就会浮现。他的发明"客体小 a"指的是驱力的客体，是欲望的客体。这一概念为 Lacan 的临床工作提供了方向，Peskin 在 Freud 文本的每个标题中都简要强调了这些问题。

Edward Nersessian 指出，Freud 对焦虑的思考经历了不同的阶段，直到在《抑制、症状和焦虑》中，他确定了信号焦虑的概念。从精神分析的开始就将症状视为冲突的结果，信号焦虑的概念最好地描述了防御是如何开始的、妥协是如何完成的。这一基本观点将根据现代神经科学的发现进行重新评估。

Elsa Schmid-Kitsikis 在讨论 Freud 关于抑制与焦虑之间联系的思考的章节中认为，在 Freud 的第一个理论即关于诱惑和癔症的精神功能的发现（1894，1895）的背景中，这些思考就已经在起作用。她写到，Freud 引入了一定数量的假设，这些假设预示着他随后的理论阐述。在朵拉的案例（1905e）中，他指出了感知活动的重要性，这种活动会产生创伤效应，如抑制和焦虑。本文中呈现的 E 小姐的案例说明了 Freud（1926d）关于抑制的言论，这些抑制代表了一种功能的放弃，如性功能，如果行使该功能，会产生焦虑。分析工作导致了对感知活动的位置和意义以及由此产生的移情和反移情困难的关注，同时她观察了 Freud 的反思，即在患者与创伤引诱相关的联想过程中，两种反应似乎经常相互对抗：与过度感知相关的麻木（导致混乱的时空参照被体验为魅力），以及精神极限的崩溃。

Giovanni Foresti 指出，他所做的工作旨在在连续性和不连续性之间找到平衡："《Freud 在 20 世纪 20 年代的著作：〈抑制、症状和焦虑〉的理论建构和临床研究》表明，有必要同时考虑 Freud 作品的结果（他的作品集）和阐述过程（阅读其作品，我们看到一个正在写作的人）。"为了获得这一结果，本作者重新阅读了自己所属机构的传统书籍。然后，通过仔细阅读其概念结构，重新思考 Freud 1926 年的文章，结果是这些文章基于至少三个写作维度之间的区别：作为政治家的 Freud（努力将精神分析运动结合在一起的人）；作为理论家的 Freud（致力于捍卫连续性并发展其理论的人）；作为一名临床医生的 Freud（将个人痛苦作为理解自己和他人的工具）。

Jorge Schneider 认为，在《抑制、症状和焦虑》一文中，Freud 提出了一个问题，即当丧失一个客体时，何时会产生焦虑，何时会带来悲伤。这是他的论文《哀伤与忧郁》的前奏。在 *The Death of an Adult Child*: *Contemporary Psychoanalytic Models of Mourning* 中，Schneider 博士引用了一个临床小插曲来探讨当代临床医生如何看待这一现象。似乎有一个共识是，在成年子女的死亡中，与 Freud 的假设相反，丧失的主体并没有放弃对去世子女的贯注，他仍然被内化为一个不断被怀念和记忆的客体。

最后，我自己的一章，即 2004 年发表在 *Apdeba* 杂志上的一篇论文的最新英文版，探讨了在一名表现出恐惧症症状的患者中偶然发现的一个沉默的先天性脑血管瘤，这提供了一个重新考虑危险检测工具的起源和功能的机会。基于对焦虑和情感作为我们在世界中行为导向所必需的心理机制的分析，本文讨论了这些机制在动物世界中的连续性和不连续性。这些假设是，焦虑将是生物生存所固有的一种核心情感，而文明社会中生命赋予人类的所有复杂性都源于生物性基质。然而，动物世界有多少被丢失、有多少被保留，以及它是否根据概念规律进行调整，这一问题尚未得到深入研究。在这方面，从神经科学中获得的与精神分析相关的知识很有前景。因此，我打算强调我自己的思路，这一思路将精神分析的定义集中在这样一个事实上，即它关注人类以及生命在社会文化生态系统的发展过程中不可避免的痛苦。

第一部分

抑制、症状和焦虑

(1926d)

西格蒙德·弗洛伊德(Sigmund Freud)

I

事实上，如果不是因为我们在遇到疾病时，观察到的是抑制的存在，而不是症状的存在，并且好奇地想知道原因，我们可能很难认为对该两者进行区分是值得的。在对病理现象的描述中，语言的使用让我们能够区分症状和抑制，然而我们并没有重视二者的区分。

这两个概念不在同一平面上。抑制与功能有特殊关系，它不一定具有病理学含义。人们可以很好地将一种功能的正常限制称为对它的抑制。另一方面，症状实际上表示某种病理过程的存在。因此，抑制也可能是一种症状。语言的使用中，在功能简单下降时使用抑制一词，在功能发生异常变化或出现新现象时使用症状。通常，我们是强调病理过程的积极方面并将其结果称为症状，还是强调其消极的一面并将其结果称为抑制，这似乎是一个非常武断的问题。但这一切真的没什么意义；正如我们所说的那样，这个问题并没有让我们走多远。

由于抑制的概念与功能的概念密切相关，因此研究自我的各种功能可能有助于发现这些功能的任何干扰在每一种不同的神经症性情感中所呈现的形式。让我们选择性功能、进食、运动和专业工作来进行比较研究。

（1）性功能容易受到大量干扰，其中大多数表现出简单抑制的特征。这些都被归为精神无能。性功能的正常发挥只能是一个非常复杂的过程的结果，在这一过程中的任何时候都可能出现干扰。在男性中，抑制发生的主要阶段表现为：在这个过程的一开始，力比多的转向（心理上的不愉快）；缺乏身体准备（缺乏勃起）；性行为的缩短（早泄），这种情况同样可以被视为一种症状；在达到自然终结前行为停止（没有射精）；或没有出现精神结果（缺乏性高潮的快感）。其他干扰源于性功能依赖于反常或恋物癖性质的特殊条件。

抑制和焦虑之间的关系非常明显。一些抑制显然代表了一种功能的再次丧失，因为它的行使会产生焦虑。许多女性公开表示害怕性功能。我们把这种焦虑归为癔症，就像我们把厌恶的防御性症状归为癔症一样，厌恶最初是作为对被动性行为体验的延迟反应而产生的,后来每当出现关于这种行为的想法时,这种症状就会出现。此外,许多强迫行为被证明是对性体验的预防和安全措施,因此具有恐惧特点。

这不是很有启发性。我们只能注意到,性功能的干扰是通过多种方式造成的:①性欲可能会被简单地拒绝(这似乎最容易产生我们认为纯粹而简单的抑制);②功能可能执行得不太好;③它可能因附加条件而受到阻碍,或因转向其他目的而被修改;④可以通过安全措施防止;⑤如果无法阻止它开始,它可能会立即被焦虑的出现打断;⑥如果它仍然被执行,可能会有随后的抗议反应,并试图撤销所做的事情。

(2)营养功能最常受到力比多减退引起的不想吃东西的干扰。进食欲望的增加也是一件很常见的事情。强迫进食归因于对饥饿的恐惧,但这是一个研究很少的课题。呕吐的症状对我们来说是一种癔症式进食防御。由于焦虑而拒绝进食是精神病性状态的并发症状(中毒的结论)。

(3)在某些神经症的情况下,由于不愿意行走或行走无力,运动受到抑制。在癔症中,运动装置会瘫痪,或者该装置的这一特殊功能将被废除(行走不能)。特别的特点是,由于不遵守某些特定约定而导致焦虑(恐惧)的出现,从而造成运动中出现的困难增加。

(4)在工作中的抑制——这是我们在治疗工作中经常不得不将其作为一种孤立的症状来处理的事情——主体感觉到他在这方面的快乐降低了,或者变得不太能够做好这件事;或者,如果他不得不继续这样做,他会对此产生某些反应,比如疲劳、头晕或生病。如果他是一名癔症患者,他将不得不放弃工作,因为出现了器质性和功能性瘫痪,这使他无法继续工作。如果他是个强迫症患者,他将由于拖延或重复,而永远在工作时分心或者浪费时间。

我们的调查也可以扩展到其他职能部门,但这样做就没有什么可学习的了。因为我们不应该深入到呈现给我们的现象的表面之下。让我们继续以这样一种方式来描述抑制,即对它的含义几乎没有疑问,并说抑制是自我功能的限制的表现。这种限制本身可能有非常不同的原因。这种功能重新关联所涉及的一些机制对我们来说是众所周知的，这也是支配它的某种一般目的。

这种目的在特定的抑制中更容易识别。分析表明，当像弹钢琴、写作甚至走路这样的活动受到神经症性抑制时，这是因为手指或腿这两个身体器官的作用变得强烈的性欲化。人们普遍发现，如果一个器官的性欲——它的性意义——增加了，它的自我功能就会受到损害。如果允许的话，这是一个相当荒谬的类比，就像一个女仆拒绝继续做饭，因为她的主人和她开始了恋爱。一旦书写意味着让液体从管子中流出，流到一张白纸上，这就意味着性交的意义，或者一旦行走成为踏在地球母亲身体上的象征性替代品，书写和行走就停止了，因为它们代表了一种被禁止的性行为。自我放弃这些在其范围内的功能，以便不必采取新的潜抑措施——以避免与本我发生冲突。

显然，还有一些抑制措施可以达到自我惩罚的目的。在职业活动的抑制方面，情况往往如此。自我是不允许进行这些活动的，因为它们会带来成功和收获，而这些都是严格的超级自我所禁止的。所以自我也放弃了它们，以避免与超我产生冲突。

自我的更普遍的抑制服从于一种简单的不同机制。当自我卷入一项特别困难的心理任务时，比如在哀悼中，或者当情感受到巨大压制时，或者当持续不断的性幻想必须被抑制时，它失去了太多可支配的能量，不得不同时在多个点上削减它的开支。自我处于一个投机者的地位，他的钱已经被他的各种企业套住了。关于这种强烈的、虽然短暂但普遍的抑制，我遇到了一个很有启发性的例子。这个患者是一个强迫性神经症患者，过去常常受到一种麻痹性疲劳的强烈影响，每当发生明显应该让他勃然大怒的事情时，这种疲劳就会持续一天或数天。我们在这里有一个观点，即从这一点应该有可能理解抑郁症的普遍抑制状态，包括最严重的形式——忧郁。

至于抑制，那么，我们可以总结说，它们是自我功能的限制，要么是作为预防措施而施加的，要么是由于能量匮乏而产生的；我们可以毫无困难地看出，抑制与症状在哪些方面不同：因为症状不能再被描述为发生在自我内部或作用于自我的过程。

II

症状形成的主要特征早就被研究过了，我希望这一点毋庸置疑。❶ 症状是一种本能的满足感的标志，也是这种满足感的替代品，这种满足感一直被搁置；这是潜抑过程的结果。潜抑源于自我，当自我可能是在超我的命令下——拒绝将自己与本我中激发的本能直觉联系起来时。分析表明，这种想法经常以无意识的形式存在。

到目前为止，一切似乎都很清楚，但我们很快遇到了尚未解决的困难。到目前为止，我们对潜抑中所发生的一切的描述都非常强调这一点。❷ 但这也给其他方面带来了不确定性。出现的一个问题是，在本我中被激活并寻求满足的本能冲动发生了什么？答案是间接的，那就是由于潜抑的过程，原本期望从满足中得到的快乐已经转化为不愉快。但我们当时面临的问题是，本能的满足如何会产生不愉快。我认为，如果我们致力于这样一个明确的说法，即作为潜抑的结果，本我的兴奋过程的预期过程根本不会发生，那么整个事情就可以被澄清了；自我成功地抑制或转移了它。如果是这样的话，潜抑下的"情感转化"问题就消失了。❸ 同时，这种观点意味着对自我的让步，即它可以对本我的过程产生非常广泛的影响，我们必须弄清楚它能够以何种方式发展出如此惊人的力量。

在我看来，自我之所以获得这种影响，是因为它与感知系统的紧密联系，正如我们所知，这种联系构成了它的本质，并为它与本我的区别提供了基础。这个系统的功能，我们称之为 Pcpt.-Cs.。它不仅从外部而且从内部接受兴奋，并通过这些方面获得它快乐和不快乐的感觉，努力根据快

---

❶ 例如，请参见：the Three Essays (1905d, Standard Ed., 7, 164)。

❷ 参考：Repression (1915d, Standard Ed., 14, 147)。

❸ 这个问题由来已久，例如，请参见：a letter to Fliess of December 6, 1896 (Freud, 1950a, Letter 52)。弗洛伊德在"朵拉"案例中讨论了这个问题 (1905e, Standard Ed., 7, 28-9)，其中编辑的脚注给出了该主题的许多其他参考。弗洛伊德于 1925 年在 Beyond the Pleasure Principle (1920g, Standard Ed., 18, 11) 中添加了一个简短的脚注，说明了当前的解决方案。

乐原则指导心理事件的进程。❶ 我们很容易认为自我对本我的无能为力；但当它反对本我的本能过程时，它只需要发出一个"不愉快的信号"❷，以便借助于几乎无所不能的机制即快乐原则来达到目的，我们可以用另一个领域的例子来说明这一点。我们想象一个国家，某个小派别反对一项提议，但该提议将得到群众的支持。这一少数派获得了新闻界的控制权，并通过其帮助，掌握了最高仲裁者"公众舆论"，从而成功地阻止了该提议的通过。

但这种解释带来了新的问题。用于发出不愉快信号的能量来自哪里？在这里，我们可能会得到这样一个想法的帮助，即针对不受欢迎的内部过程的防御将以针对外部刺激所采取的防御为模型，即自我以相同的方式抵御内部和外部危险。在外部危险的情况下，有机体可以尝试逃跑。它所做的第一件事是从对危险物体的感知中撤回直觉；后来，它发现，进行肌肉运动是一个更好的计划，这种运动会使个体对危险物体的感知变得不可能，即使没有人拒绝感知它，这是一个较好的计划，也就是说，将自己从危险的范围中移除。潜抑相当于这种逃跑的企图。自我从要被潜抑的本能表征❸中撤回它的（前意识的）贯注，并利用这种贯注来释放不愉快（焦虑）。焦虑是如何与压抑联系在一起的问题可能并不简单，但我们可以合理地坚持自我是焦虑的真正根源的观点，放弃我们先前的观点，即潜抑冲动的贯注能量会自动转化为焦虑。如果我早些时候用后一种意义表达自己，我是在对正在发生的事情进行现象学描述，而不是元心理学描述。

这给我们带来了一个更进一步的问题：从经济学的角度来看，这仅仅是一个撤退和释放的过程，比如一个前意识自我贯注的撤退，怎么可能产生不愉快或焦虑，因为根据我们的假设，不愉快和焦虑只能是由于贯注的增加而产生的？答案是，不应从经济角度解释这种因果关系。焦虑不是在压抑中产生的；它被再现为一种情感状态，与已经存在的记忆图像一致。如果我们进

---

❶ 参考：《超越快乐原则》（1920g，*Standard Ed.*，18，24）。

❷ 参考：编者导论。

❸ 例如，什么代表了头脑中的本能。这个术语在《本能及其变迁》（1915c，*Standard Ed.*，14，111 ff.）的编者注中有充分讨论。

一步探究这种焦虑和情感的根源，我们将离开纯粹的心理学领域，进入生理学的边界。情感状态已作为原始创伤经历的沉淀融入大脑，当类似情况发生时，它们会像记忆符号一样被唤醒。❶ 我认为我将它们比作最近的、个人获得的癔症发作，并将其视为其正常原型，这并不错。在人类和高等动物身上，出生的行为，作为个体的第一次焦虑体验，似乎赋予了焦虑的某些特殊表现形式。但是，在承认这一联系的同时，我们不能过分强调这一点，也不能忽视这样一个事实，即生物的必要性要求危险情境应该有一个情感的象征，这样在任何情况下都必须创造出这种象征。此外，我认为我们没有理由假设，每当焦虑情绪爆发时，大脑中都会出现类似出生情况的再现。甚至不确定癔症的发作是否会永久保留这种特点，尽管最初是这种创伤的再现。

正如我在其他地方所指出的，我们在治疗工作中必须处理的大多数抑制都是压力后的情况。❷ 它们预先假定了早期的操作，即对最近的情形产生吸引力的原始抑制。目前对潜抑的背景和初步阶段知之甚少。过度估计超我在潜抑中所扮演的角色是有危险的。目前，我们无法确定是否是超我的出现为原始潜抑和压力后潜抑之间提供了界限。无论如何，最早的焦虑爆发是非常强烈的，发生在超我分化之前。原始潜抑的直接诱发原因很可能是数量因素，例如过度兴奋和对刺激的保护屏障的破坏。❸

提到保护屏障听起来像一个注释，它让我们想起了这样一个事实：潜抑发生在两种不同的情况下，即当一种不受欢迎的本能冲动被某种外部感知所激发时，以及当它在没有任何这种刺激的情况下在内部产生时。稍后我们将回到这一区别。但保护屏障只存在于外部刺激，而不存在于内部本能需求。

只要我们将注意力集中在自我的逃跑尝试上，我们就不会再接近症状形成的主题。症状源于受到潜抑不利影响的本能冲动。如果自我通过利用不愉

---

❶ 弗洛伊德在 *Studies on Hysteria* 中一直使用这个术语来解释癔症的症状（1895d, *Standard Ed.*, 2, 297）。关于这个概念的一个非常清晰的描述，可以在 *Five Lectures* 第一讲中找到（1910a, *Standard Ed.*, 11, 16 f）。

❷ 参见：*Repression*（1915d, *Standard Ed.*, 14, 148）。

❸ 参考：《超越快乐原则》（1920g, *Standard Ed.*, 18, 27ff）。

快的信号，达到了完全抑制本能冲动的目的，那么我们会对这是如何发生的而一无所知。我们只能从那些必须将潜抑描述为不同程度失败的案例中找到答案。在这种情况下，一般来说，人们的立场是，尽管受到潜抑，但本能的冲动已经找到了替代品，是一种被大大减少、置换和抑制的替代品，不再被视为满足。当替代性冲动被执行时，没有快感；相反，它的实施具有强制的性质。

因此，通过将满足的过程降级为症状，潜抑在另一个方面显示了它的力量。如果可能的话，替代过程被阻止通过运动找到释放；即使不能做到这一点，这个过程也被迫在主体自身的身体中进行改变，而不允许影响外部世界。主体不能将其转化为行动。因为，正如我们所知，在潜抑中，自我在外部现实的影响下运作，因此它阻止了替代过程对现实产生任何影响。

正如自我控制着外部世界的行动路径一样，它也控制着意识的进入。在潜抑中，它在两个方向上行使自己的力量，一种方式作用于本能冲动本身，另一种方式则作用于这种冲动的（心理）表征。在这一点上，我要问的是，我如何才能将这种对自我力量的承认与我在《自我与本我》中对其地位的描述相协调。在那本书中，我描绘了它与本我和超我的依存关系，并揭示了它在这两方面是多么的无力和恐惧，以及它是如何努力保持其超越它们的优越感的。❶ 这种观点在心理分析文学中得到了广泛的回响。许多作家都非常强调自我相对于本我的弱点，以及面对我们内心的恶魔力量时我们理性元素的弱点；他们表现出一种强烈的倾向，把我所说的话变成心理分析世界观的基石。然而，心理分析师以其对潜抑的运作方式的了解，在所有人中，无疑应该克制自己，而不采取这种极端和片面的观点。

我必须承认，我一点也不赞成捏造世界观。❷ 这一切都留给了哲学家们，他们公开表示，如果没有这样的《贝台克旅游指南》为他们提供每一个主题的信息，就不可能完成他们的人生旅程。让我们谦卑地接受他们从其优

---

❶ 《自我与本我》（1923b）第 5 章。

❷ 参考：在 New Introductory Lectures（Freud, 1933a）的最后一篇中对此进行了较长时间的讨论。

越需求的有利地位上蔑视我们。但既然我们也不能放弃自恋的自豪感，我们会从这样的反思中得到安慰，即这种生活手册很快就过时了，正是我们目光短浅、狭隘而挑剔的工作迫使它们出现在新版本中，而即使是最新的版本，也只是试图寻找一种古老、有用和充分的教会教义的替代品。我们非常清楚，迄今为止，光科学能够解决我们周围的问题的能力是多么的有限。但无论哲学家们怎么做，他们都无法改变现状。只有耐心、坚持不懈的研究，一切都服从于一个确定的要求，才能逐渐带来改变。无知的旅行者可能会在黑暗中高声歌唱，以否认自己的恐惧；但是，尽管如此，他看不到比鼻子更远的地方。

III

回到自我的问题上。❶ 明显的矛盾是因为我们对抽象的理解过于僵化，在实际复杂的事务状态中，排他地选择关注一边或另一边。我认为，我们将自我与本我区分开来是有道理的，因为有某些考虑需要采取这一步骤。另一方面，自我与本我是相同的，自我只是本我的一个特别区分的部分。如果我们将这一部分单独地与整体相区别，或者如果两者之间发生了真正的分裂，那么自我的弱点就会变得明显。但如果自我仍然与本我联系在一起，无法与本我区分开来，那么它就会显示出自己的力量。自我和超我之间的关系也是如此。在许多情况下，两者是合并的；通常，我们只能在两者之间存在紧张或冲突时才能将两者区分开来。在潜抑中，决定性的事实是自我是一个组织，本我不是。事实上，自我是本我有组织的部分。如果我们把自我和本我想象成两个对立的阵营，如果我们认为，当自我试图通过潜抑来压制本我的一部分时，本我的其余部分会来拯救濒临灭绝的部分，并衡量其与自我的力量比较。这可能是经常发生的事情，但肯定不是潜抑的最初情况。通常，被潜抑的本能冲动仍然是孤立的。虽然潜抑的行为展示了自我的力量，但在一个特别的方面，它揭示了自我的无力，以及自我的独立本能冲动是多么不受影响，这不仅仅是一个过程，而是它的所有衍生过程都享有同样的治外法

---

❶ 也就是说，相对于本我而言，它的优势和劣势之间的对比。

权特权；每当它们与自我组织的某一部分发生联系时，根本无法肯定它们不会将这一部分拉到自己身上，从而以牺牲自我为代价扩大自己。我们长期以来所熟悉的一个类比是将 种症状比作一种异物，该异物在其嵌入的组织中持续不断地进行刺激和反应。❶ 据我们所见，这在癔症的转换中最常见。但通常情况下，结果是不同的。最初的潜抑行为之后是一个乏味或无休止的结局，其中与本能冲动的斗争被延长为与症状的斗争。

在这场次要的防御斗争中，自我呈现出两个表情矛盾的面孔。它采取的一种行为方式源于这样一个事实，即它的本质迫使它做出必须被视为恢复或和解的努力。自我是一个组织。它的基础是保持自由交往，以及各部分之间相互影响的可能性。它的去性化的能量在其结合和统一的冲动中仍然显示出其起源的痕迹，并且这种合成的必要性随着自我力量的增加而成比例增长。因此，自我应该通过使用各种可能的方法以这种或那种方式将症状与自身结合，来试图防止症状保持孤立和异类，这是很自然的，并通过这些连接将其纳入其组织。正如我们所知，这种倾向在形成症状的过程中就已经起作用了。一个典型的例子是那些癔症的症状，这些症状被证明是满足需要和惩罚需要之间的妥协。❷

这些症状从一开始就参与自我，因为它们满足了超我的要求，而另一方面，它们代表了被潜抑者占据的位置，以及被潜抑者侵入自我组织的点。他们是一种边境站，有着混合的驻军。❸（是否所有主要的癔症症状都是在这些线路上产生的，值得仔细研究。）自我现在开始表现得好像它意识到症状已经消失了，唯一要做的就是接受这种情况，并从中尽可能多地获得好处。它使症状适应这个与它格格不入的内部世界，就像它通常适应真实的外部世界一样。它总是可以找到很多这样做的机会。症状的出现可能会导致某种能力的损害，这可以被用来满足超我的某些要求，或者拒绝来自外部世界的某

---

❶ Freud 在 *Studies on Hysteria* 一书中讨论和批评了这种类比（1895d, *Standard Ed.*, 2, 290-1）。它最初出现在 *Preliminary Communication*（1893a）。

❷ Freud 的第二篇论文 *The Neuro-Psychoses of Defence*（1896b）的第二部分就预示了这一观点。

❸ 在这个比喻中有一个暗指的事实，德语中意为"贯注"的词语 *besetzung*，也可以有"驻军"的意思。

些要求。这样，症状逐渐成为重要利益的代表；人们发现它在维护自我的地位方面是有用的，它与自我越来越紧密地结合在一起，对自我来说也越来越不可或缺。在异体周围"愈合"的物理过程很少遵循这样的过程。还有一种危险，那就是夸大这种对症状的继发性适应的重要性，并且说自我仅仅是为了享受它的好处而创造了症状。同样，也可以说一个在战争中失去了腿的人是他自己使得这条腿被射中，这样他就可以靠养老金生活，而不必再做任何工作。

在强迫性神经症和偏执狂中，症状所呈现的形式对自我来说变得非常有价值，因为它们获得的不是某些优势，而是一种自恋的满足感，否则它就没有了。偏执狂所构建的系统使他觉得自己比其他人更好，因为他特别干净或特别认真。偏执狂的妄想构造为他敏锐的感知力和想象力提供了一个他在其他地方很难找到的活动领域。

所有这些都导致了我们所熟悉的神经症的"疾病的继发性获益"。❶ 这种获益来自自我的帮助，帮助自我努力整合症状并增加症状的固定性。当分析师随后试图帮助自我对抗症状时，他发现自我和症状之间的这些和解纽带是在阻抗的一边运作的，而且它们不容易放松。

自我对症状采取的两种行为实际上是直接对立的。因为另一种行为在性格上不那么友好，它继续朝着潜抑的方向发展。然而，自我似乎不能被指责为前后矛盾。作为一个和平的弱势群体，它希望将症状融入其中，并使其成为自身的一部分。麻烦来自症状本身。因为症状，作为被潜抑冲动的真正替代和衍生，承担着后者的作用；它不断更新对满足的要求，从而迫使自我发出不愉快的信号，并使自己处于防御的姿态。

对抗症状的次级防御斗争有很多种形式。它在不同的领域进行，并使用各种方法。在我们对各种不同的症状形成情况进行调查之前，我们将无法对它说太多。在这样做的过程中，我们将有机会探讨焦虑问题，这是一个长期存在的问题，最明智的计划是从癔症的神经症产生的症状开始；因为我们还不能考虑强迫性神经症、偏执狂和其他神经症症状的形成条件。

---

❶ 在 *Introductory Lectures* 的第 24 讲中对此进行了充分讨论。

IV

让我们从婴儿癔症的动物恐惧症开始，例如，"小汉斯"（1909b）的案例，其对马的恐惧症在所有主要特征中都是典型的。第一件显而易见的事情是，在一个具体的神经症病例中，只要处理抽象概念，情况就比人们想象的复杂得多。它需要一点时间来找到自己的方向，并决定被潜抑的冲动是什么、它找到了什么替代症状，以及潜抑的动机在哪里。

"小汉斯"拒绝上街，因为他害怕马。这是案例的原材料。哪一部分构成了症状？是他的害怕吗？是他对于恐惧对象的选择吗？是他放弃了行动自由吗？或者是其中不止一种？他放弃的满足感是什么？他为什么要放弃它？

乍一看，人们很想回答，这个案例并不那么晦涩难懂，小汉斯对马的极度恐惧是症状，而他不能上街是一种抑制，一种自我施加的限制，以免引起焦虑症状。第二点显然是正确的。在接下来的讨论中，我将不再关注这种抑制。但关于所谓的症状，对案例的表面了解甚至无法揭示其真实的表述。因为进一步的调查表明，他所患的并不是对马的模糊恐惧，而是对马会咬他的非常明确的恐惧。❶ 事实上，这个想法正试图从意识中抽离出来，让自己被一种未定义的恐惧所取代，在这种恐惧中，只有焦虑和焦虑的客体仍然存在。也许这个想法是他症状的核心？

在分析治疗过程中，我们必须对小男孩的心理状况进行全面评估，才能取得进展。当时，除了母亲之外，他对父亲抱着嫉妒和敌意的俄狄浦斯态度，这是他深爱而疏远父亲的原因。那么，在这里，由于矛盾心理，我们产生了一场冲突：一场有根有据的爱和一场针对同一个人的无可厚非的恨。"小汉斯"的恐惧症一定是为了解决这场冲突。这种矛盾心理导致的冲突是非常频繁的，它们可能会有另一种典型的结果，在这种情况下，两种冲突的感觉（通常是感情）中的一种会变得非常强烈，而另一种会消失。仅仅是情感的夸张程度和强迫性特点就暴露了这样一个事实，即它不是唯一存在的情

---

❶ *Standard Ed.*, 10，24.

感，而是不断保持警惕，以使相反的情感受到抑制，并使我们能够假设一个运作过程，我们称之为通过反向形成（在自我中）的潜抑。像"小汉斯"这样的病例没有这种反向形成的痕迹。由于矛盾心理，从冲突中脱身的方式明显不同。

与此同时，我们已经确定了另一点。"小汉斯"中受到潜抑的本能冲动是对父亲的敌意。这一点在他随后的分析中关于咬人的马的想法而得到了证明。他看到一匹马摔倒了，他还看到了一个玩伴，他们一起玩马，这个玩伴也摔倒了并受了伤。分析证明，他有一种愿望冲动，认为他的父亲应该像他的玩伴和马那样摔倒并伤害自己。❶ 此外，他对某人在某个特定场合离开的态度❷，使得他希望父亲离开的愿望很可能也没有那么犹豫。但这种愿望相当于让父亲离开的意图，也就是说，等同于俄狄浦斯情结的杀人冲动。

到目前为止，"小汉斯"被潜抑的本能冲动和替代冲动之间似乎没有任何联系，我们怀疑这一点可以从他对马的恐惧中看出。让我们从一个侧面来简化他的心理状况，将婴儿因素和矛盾心理放在一边。让我们想象一下，他是一个年轻的仆人，爱上了这所房子的女主人，并得到了她的一些恩惠。他讨厌比他更强大的主人，他想让他离开。然后，他会非常自然地害怕主人的报复，对他产生恐惧，就像"小汉斯"对马产生恐惧一样。因此，我们不能将属于这种恐惧症的恐惧描述为一种症状。如果"小汉斯"爱上了他的母亲，表现出对父亲的恐惧，我们就无权说他患有神经症或恐惧症。他的情绪反应是完全可以理解的。使其成为神经症的原因只有一件事：用马代替了他的父亲。因此，正是这种置换被称为一种症状，顺便说一句，它构成了一种替代机制，使矛盾心理导致的冲突能够在没有反向形成的帮助下得到解决。在"小汉斯"的早期，这种置换是可能的，或者说是便利的，因为与生俱来的图腾思想的痕迹仍然很容易复活。孩子们还没有认识到，或者至少没有对人类与动物世界之间的鸿沟施加如此夸张的压力。❸ 在他们眼中，成年男子，他们恐惧和钦佩的对象，仍然属于与大动物相同的一类，大动物有如此

---

❶ *Standard Ed.*, 10, 50 and 82.

❷ Ibid., 29.

❸ 参考：*A Difficulty in the Path of Psycho-Analysis*（1917a, *Standard Ed.*, 17, 140）。

多令人羡慕的属性，但他们已经受到警告，因为他可能会变得危险。正如我们所看到的，矛盾心理导致的冲突并不是针对同一个人来处理的：事实上，它是通过一对冲突的冲动中的一个被引导到另一个人身上作为替代对象来规避的。

到目前为止，一切都很清楚。但对"小汉斯"恐惧症的分析在一个方面完全令人失望。构成症状形成的扭曲不适用于被潜抑的本能冲动的［心理］表征（概念内容）；它被应用于一个完全不同的表征，这只对应于对令人不快的本能的反应。如果"小汉斯"养成了虐待和殴打马匹的倾向，而不是对马匹的恐惧，或者如果他明确表示希望看到马匹摔倒或受伤，甚至在抽搐中死亡（"用脚划行"），这将更符合我们的期望。❶ 而且，奇怪的是，如果他真的产生了这种敌意，不是对他的父亲而是对马，作为他的主要症状，我们就不应该说他患有神经症。我们对潜抑的看法或对症状的定义肯定有问题。当然，有一件事立刻让我们感到震惊：如果"小汉斯"真的对马表现出这样的行为，那就意味着潜抑丝毫没有改变他令人反感的、攻击性的本能冲动本身的特点，而只是改变了它所针对的客体。

毫无疑问，在某些情况下，这就是潜抑所做的一切。但是，在"小汉斯"恐惧症的发展过程中，除了这一点之外，我们还可以从另一个分析中猜到更多。

我们知道，"小汉斯"声称他害怕的是马会咬他。现在，一段时间后，我能够了解到另一种动物恐惧症的起源。在这种情况下，可怕的动物是狼，这也具有父亲替代的意义。这个病人是一个男孩，是一个俄罗斯人，我直到20多岁才对他进行分析。他做了一个梦（其含义在分析中得到了揭示），并在梦之后立即产生了被狼吞噬的恐惧，就像童话故事中的七只小山羊一样。❷ 在"小汉斯"的案例中，他父亲曾经和他一起玩过马❸，这一确定的事实无疑决定了他选择一匹马作为他焦虑的动物。以同样的方式，我的俄

---

❶ *Standard Ed.*, 10, 50.

❷ *From the History of an Infantile Neurosis* (1918b, *Standard Ed.*, 17, 29f).

❸ *Standard Ed.*, 17, 32.

罗斯患者的父亲在与他玩耍时，假装成狼，并开玩笑地威胁要吞掉他❶，这似乎至少极有可能。从那时起，我遇到了第三种情况。病人是一位年轻的美国人，他来找我做分析。的确，他并没有患上动物恐惧症，但正是因为这一缺失，他的案例才有助于揭示另外两人的情况。小时候，他曾被一个奇妙的儿童故事所激发，故事讲述了一个阿拉伯酋长为了吃掉他而追踪一个"姜面包人"的故事。❷ 他将自己认同为这个可食用的人，而这位阿拉伯酋长很容易被认同为父亲的替代品。这种幻想形成了最早期的自体性欲幻想的基础。

被父亲吞噬的想法是典型的古老的童年素材。它在神话（如克洛诺斯神话）和动物王国中有着相似之处。然而，尽管如此，这个想法对我们来说是如此陌生，以至于我们很难相信它在儿童身上的存在。我们也不知道它是否真的像它所说的那样，我们也不明白它怎么会成为恐惧症的主题。分析观察提供了必要的信息。它表明，被父亲吞噬的想法，以一种经历了退行的退化形式，表达了一种被动的、温柔的冲动，希望在生殖器性欲的意义上被父亲所爱。对案例历史的进一步调查❸使这一解释的正确性毋庸置疑。的确，当生殖器冲动用属于力比多的口欲组织和施虐组织之间被替代的过渡阶段的语言表达时，它并没有表现出其温柔目的的迹象。此外，这是否仅仅是一个用退行的表达形式置换［精神］表征的问题，还是本我中的生殖冲动的真正退行退化的问题？要确定这一点并不容易。俄罗斯"狼人"的案例历史非常明确地支持了第二种更为严肃的观点；因为，从决定性的梦开始，这个男孩变得顽皮、折磨人和施虐，不久之后就养成了一种常规的强迫症。无论如何，我们可以看到，潜抑并不是自我可以用来抵御不受欢迎的本能冲动的唯一手段。如果它成功地使一种本能退行，它实际上会对它造成比将其潜抑更大的伤害。有时，事实上，在迫使本能以这种方式倒退之后，它会继续压制它。

"狼人"和"小汉斯"这两个稍微不那么复杂的例子，需要进一步考虑。但我们已经有了两个意想不到的发现。毫无疑问，这两种恐惧症所压抑的本能冲动是对父亲的敌意。有人可能会说，这种冲动在转化为与此相反的

---

❶ *Standard Ed.*, 10, 126-7.
❷ 英文原文。
❸ 俄罗斯患者。

冲动的过程中被压抑。❶ 主体对父亲的攻击性没有表现出来，而是表现出父亲对主体的攻击性（以报复的形式）。由于这种攻击性在任何情况下都植根于力比多的施虐狂阶段，所以只需要一定程度的退化就可以将其降低到口欲阶段。这一阶段，虽然只是在"小汉斯"被咬的故事中被暗示，但在"狼人"被吞噬的故事中却被赤裸裸地展现出来。但是，除此之外，分析毫无疑问地证明了另一种本能冲动的存在，这种本能冲动的性质与潜抑相反。这是一种针对父亲的温柔、被动的冲动，已经达到了力比多组织的生殖器（阳具）水平。关于潜抑过程的最终结果，这种冲动似乎的确是两者中更重要的一种；它经历了更深远的退行，并对恐惧症的内容产生了决定性的影响。因此，在追踪一种本能的潜抑时，我们必须认识到两种过程的融合。这两种本能冲动被抑制——对父亲的施虐攻击性和对父亲温柔的被动态度——所取代，形成了一对对立。此外，对"小汉斯"案例的充分理解表明，他的恐惧症的形成也消除了他对母亲深情的客体贯注，尽管他恐惧症的实际内容并没有显示这方面的迹象。潜抑的过程几乎攻击了他俄狄浦斯情结的所有组成部分，包括他对父亲的敌意和温柔的冲动，以及对母亲的温柔冲动。在我的俄罗斯患者身上，这种情况就不那么明显了。

  这些都是不受欢迎的并发症，考虑到我们只开始研究由于潜抑而导致症状形成的简单案例，出于这个目的，我们选择了儿童时期最早、最透明的神经症。我们发现了一系列的潜抑，而不是一次潜抑，而且其参与了退行的谈判。也许，我们将"小汉斯"和"狼人"这两个动物恐惧症患者视为同一个模子里铸造出来的，从而增加了困惑。事实上，他们之间的某些差异很明显。只有关于"小汉斯"，我们才能肯定地说，他的恐惧症处理的是俄狄浦斯情结的两个主要冲动——他对父亲的攻击性和对母亲的过度喜爱。毫无疑问，对父亲的一种温柔的感情也存在，并在抑制相反的感情方面发挥了作用；但我们既不能证明它强大到足以对自己施加潜抑，也不能证明它后来消失了。事实上，汉斯似乎是一个正常的男孩，具有所谓的"积极"俄狄浦斯情结。有可能我们没有发现的因素实际上在他身上起作用，但我们无法证明它们的存在。即使是最详尽的分析，其数据也存在空白，而且记录不足。就

---

❶ 参考：*Instincts and their Vicissitudes* (1915c, Standard Ed., 14, 126f)。

俄罗斯患者案例而言，不足之处在于其他方面。他对女性客体的态度受到了早期诱惑的干扰，他的被动、女性化的一面得到了强烈发展。对他的狼梦的分析显示，他对父亲的攻击性很小，但这无疑证明，潜抑所取代的是他对父亲的被动温柔态度。对他而言，其他因素也可能起作用，但这并不是证据。尽管这两个案例存在这些差异，几乎相当于对立，但最终的结果——恐惧症——是如何大致相同的呢？答案必须在另一个象限内寻找。我认为，这将在我们简短的比较研究中得出的第二个事实中找到。在我看来，在这两种情况下，我们都能发现潜抑的动机是什么，并能从两个孩子随后追求的发展路线中证实我们对潜抑性质的看法。❶ 这两个人的动机是一样的，是对即将到来的阉割的恐惧。"小汉斯"因为害怕被阉割而放弃了对父亲的攻击性。他对马会咬他的恐惧，在没有任何强迫的情况下，让他可以充分感受到马会咬掉他的生殖器，从而阉割他。但也正是因为害怕被阉割，小俄罗斯患者才放弃了被父亲爱的愿望，因为他认为，这种关系的前提是牺牲了他与女性相区别的器官——生殖器。正如我们所看到的，俄狄浦斯情结的两种形式，即正常的、主动的和颠倒的，都是通过阉割情结而出现悲伤的。这名俄罗斯男孩被狼吞噬的焦虑想法确实没有被阉割的迹象，因为它经历的口欲退行使它离阳具期太远了。但对他的梦的分析使进一步的证明变得多余。这是潜抑的胜利，他恐惧症的表现形式不应该再包含任何阉割的暗示。

那么，这是我们意想不到的发现：在两名患者中，潜抑的动机都是对阉割的恐惧。他们被马咬、被狼吞噬的焦虑中所包含的想法，是被父亲阉割的想法变形后的替代。这是经历了潜抑的想法。在这个俄罗斯男孩身上，这个想法是一种愿望的表达，而面对他的男性反抗，这种愿望是无法生存的；在"小汉斯"中，这是一种使他的攻击性变成了相反的一面的内在反应的表达。但焦虑的情感是恐惧症的本质，不是来自潜抑的过程，也不是来自被潜抑的冲动的力比多贯注，而是来自潜抑机制本身。属于动物恐惧症的焦虑是一种未转化的对阉割的恐惧。因此，这是一种现实的恐惧❷，一种对危险的

---

❶ *Standard Ed.*, 17, 20 ff.
❷ 在德语里是 "*Realangst*"。在整个标准版中，形容词 "现实的" 比不可能的 "真实的" 和在其他地方使用的 "客观的" 更受欢迎，但这引起了明显的歧义。另一方面，对于 "*Realgefahr*"，我们有对应的词语 "真实的危险（real danger）"。

恐惧，这种危险实际上即将来临或被判断为是真实的。是焦虑产生了潜抑，而不是像我以前认为的那样，潜抑产生了焦虑。

尽管回想起来并不愉快，但否认这一事实是没有用的，因为我曾多次断言，在潜抑中，本能表征被扭曲、置换等，而属于本能冲动的性欲被转化为焦虑。❶ 但现在，对恐惧症的检查，应该是最能提供证实性证据的，却无法证实我的断言；更确切地说，这似乎与之直接矛盾。动物恐惧症中的焦虑是自我对阉割的恐惧；而广场恐惧症（一个尚未被彻底研究的主题）所感受到的焦虑似乎是对性诱惑的恐惧——毕竟，这种恐惧的根源必须与对阉割的恐惧联系在一起。就目前所见，大多数恐惧症都会回到自我对力比多需求的这种焦虑。自我对焦虑的态度总是首要的，它会导致潜抑发生。焦虑从来不会来自被潜抑的力比多。如果我早些时候满足于说，在潜抑发生后，一定程度的焦虑取代了预期的力比多表现，那么今天我就没有什么可收回的了。该描述将是正确的。毫无疑问，在必须被潜抑的冲动的强度和由此产生的焦虑的强度之间确实存在着某种对应关系。但我必须承认，我认为我给出的不仅仅是一个描述。我相信我已经发现一个将力比多直接转化为焦虑的元心理学过程。我现在不能再保持这种观点了。事实上，我发现当时无法解释这种转变是如何进行的。

有人可能会问我，是如何在一开始就得出这种转变的想法的。那是在我研究"实际神经症"的时候，当时分析距离区分自我的过程和本我的过程还有很长的路要走。❷ 我发现，焦虑的爆发和对焦虑的一般准备状态是由某些性行为产生的，例如性交中断、未解除的性兴奋或强制禁欲，也就是说，每当性兴奋被抑制、停止或转向满足时。由于性兴奋是力比多本能冲动的一种表现，因此，假设力比多通过这些干扰的作用而转化为焦虑似乎并不太草率。我当时所作的观察仍然有效。此外，不可否认的是，属于本我过程的力比多在潜抑的煽动下受到破坏。因此，在潜抑中，焦虑可能仍然是由本能冲动的力比多贯注而产生的。但是，我们如何才能将这一结论与我们的另一个

---

❶ 参考 Freud 关于潜抑的论文（1915d, *Standard Ed.*, 14, 155），其中也考虑了"狼人"的情况。进一步的讨论见附录 A（b），以及编者导论。

❷ 参见 Freud 关于焦虑神经症的第一篇论文（1895b）。

结论调和，即恐惧症中感受到的焦虑是一种自我焦虑，并在自我中产生，它并不是出于潜抑，而是相反地，它启动了潜抑？这里似乎有一个矛盾，这根本不是一个简单的问题。将焦虑的两个来源归结为一个来源并不容易。我们可以尝试这样做，假设当性交受到干扰、性兴奋被中断或禁欲被强制执行时，自我会嗅到某些危险，并会对焦虑做出反应。但这对我们来说毫无意义。另一方面，我们对恐惧症的分析似乎无法纠正。尚不明确。❶

V

我们开始研究症状的形成以及自我与症状进行的次级斗争。但是，为了这个目的，我们在挑选恐惧症时，显然做出了一个不幸的选择。在这些疾病的画面中占主导地位的焦虑现在被视为一种使情况变得模糊的并发症。有很多神经症患者没有表现出任何焦虑。真正的转换型癔症就是其中之一。即使在最严重的症状中，也没有发现焦虑的混合。单凭这一事实就应该警告我们不要在焦虑和症状形成之间建立太紧密的联系。恐惧症在所有其他方面都与转换型癔症非常相似，我觉得有理由将其与"焦虑癔症"相提并论，但迄今为止，还没有人能够说出是什么决定了任何特定的案例会采取转换型癔症还是恐惧症的形式——也就是说，去确定是什么决定了癔症中焦虑的产生。

转换型癔症最常见的症状是运动瘫痪、挛缩、非自愿动作或释放、疼痛和幻觉，这些都是永久性的或间歇性的。但这给我们带来了新的困难。关于这些症状，人们实际上知之甚少。分析可以显示症状所替代的兴奋过程是什么。事实通常证明，他们自己也参与了这一过程。就好像整个过程的能量都集中在了这一部分。例如，我们会发现，患者所遭受的痛苦存在于潜抑发生的情境中；或者当时他的幻觉是一种感知；或其运动瘫痪是对本应在该情况下实施但被禁止的行动的防御；或者他的挛缩通常是身体其他部分肌肉的预期神经支配的置换；或者他的抽搐是情绪爆发的表现，这种情绪已经从自我

---

❶ It is not clear.——证据不确凿时使用的旧的法律判决；与苏格兰的"not proven"相当。

的正常控制中消失了。伴随症状出现的不愉快的感觉以惊人的程度变化。在已经置换到运动的慢性症状中，如瘫痪和挛缩，这些情绪几乎总是完全不存在的；自我对症状的表现就像它与症状无关一样。在间歇性症状和与感觉领域有关的症状中，患者通常会明显感受到不愉快的感觉；并且在疼痛症状中，这些症状可能达到极端程度。所呈现的图景是如此多样，以至于很难揭示允许所有这些变化的因素，但却允许对它们进行统一的解释。此外，在症状形成后，自我与症状的斗争在转换型癔症中几乎看不到。只有当身体某些部位对疼痛的敏感性构成症状时，该症状才能发挥双重作用。当从外部接触身体的相关部位时，疼痛症状的出现频率不会低于从内部关联激活其所代表的致病情况时；自我会采取预防措施，防止症状通过外部感知而被唤起。我无法说清为什么转换型癔症症状的形成会是一件特别晦涩的事情，但该事实为我们提供了一个很好的理由，可以毫不拖延地退出这样一个毫无成效的调查领域。

让我们转向强迫性神经症，希望了解更多关于症状形成的信息。属于这种神经症的症状通常分为两组，每组都有相反的趋势。它们要么是禁止、预防，要么是惩罚，也就是说，它们是消极的，或者相反，它们是替代性的满足，往往以象征性的伪装出现；两组中较早出现的是消极、防御性症状组；但随着疾病的持续，那些对所有防御措施嗤之以鼻的满足感占了上风。如果症状形成成功地将禁止与满足相结合，那么最初的防御命令或禁止也获得了满足的意义，那么症状形成就获得了胜利；为了实现这一目的，它通常会使用最巧妙的关联路径。这样的成就表明了自我综合的倾向，我们已经观察到了这一点。在极端情况下，患者设法使其大部分症状除了其原始含义外，还获得了与之直接相反的含义。这是对矛盾心理力量的致敬，因为某种未知的原因，矛盾心理在强迫性神经症中扮演了如此重要的角色。在最粗糙的情况下，症状是双重的❶：执行某一命令的动作立即被另一个动作继续，该动作停止或取消第一个动作，即使它没有执行相反的动作。

对强迫性神经症症状的简短调查同时产生了两种印象。第一种是，对被

---

❶ 即分两期进行。参见 *Introductory Lectures* 第19讲末尾的一段话。

潜抑进行了一场不停的斗争，在这种斗争中，潜抑的力量不断失去阵地；第二种是，自我和超我在症状的形成中占有特别大的份额。

毫无疑问，强迫性神经症是分析研究中最有趣和最有回报的主题。但作为一个问题，它尚未被掌握。必须承认，如果我们努力更深入地了解它的本质，我们仍然不得不依赖可疑的假设和未经证实的推测。毫无疑问，强迫性神经症起源于与癔症相同的情况，即防御俄狄浦斯情结力比多需求的必要性。事实上，每一种强迫症似乎都有癔症症状的基础，这些症状在很早的时候就已经形成了。❶ 但是，由于体质因素，它后来的形成方式截然不同。力比多的生殖器组织被证明是脆弱的，抵抗力不足，因此当自我开始其防御努力时，它成功做的第一件事就是将生殖器组织（阳具阶段）全部或部分地退回到早期的施虐的肛欲期水平。退行的事实对随后发生的一切都是决定性的。

另一种可能性需要考虑。也许退行不是体质因素而是时间因素的结果。退行之所以可能，也许不是因为力比多的生殖组织过于脆弱，而是因为自我的对抗开始得太早，而施虐阶段正处于高潮。我不准备对这一点发表明确的意见，但我可以说，分析性观察并不支持这样的假设。相反，它表明，当强迫性神经症进入时，生殖器阶段已经到来。此外，这种神经症的发生时间比癔症的发生时间要晚一些，从童年的第二个阶段开始，直到潜伏期开始之后。在我能够研究的一位女性患者的案例中，她在很晚的时候才罹患这种疾病，很显然，导致她退行和出现强迫性神经症的决定性原因是一次真实的事件，自此之后，她的生殖器一直完好无损，却也失去了所有价值。❷

关于退行的元心理学解释，我倾向于认为它存在于"本能的消解"、对情欲成分的超然中，随着生殖阶段的开始，这些成分加入了属于施虐阶段的破坏性贯注。❸

---

❶ 参考 Freud 第二篇论文 *The Neuro-Psychoses of Defence*（1896b）第二部分的开始．其中一个例子发生在"狼人"分析中（1918b，*Standard Ed.*,17，75）。

❷ 参考论文 *The Disposition to Obsessional Neurosis*（1913i，*Standard Ed.*，12，319f）。

❸ 在《自我与本我》（1923b）第 4 章的开头，Freud 认为从施虐的肛欲期到生殖器阶段的进步是由情欲成分的加入所决定的。

在强制退行的过程中，自我在对抗力比多需求的防御斗争中取得了第一次成功。(在这方面，将更普遍的概念"防御"从"潜抑"中区分开来是有利的。❶ 潜抑只是防御利用的机制之一。)也许正是在强迫的情况下，比在正常或癔症的情况下更能让我们清楚地认识到，防御的动力是阉割情结，而被阻挡的是俄狄浦斯情结的趋势。我们目前面对的是潜伏期的开始，这一时期的特征是俄狄浦斯情结的终止、超我的创造或巩固，以及在自我中建立道德和审美障碍。在强迫性神经症中，这些过程比正常情况下进行得更深入。除了俄狄浦斯情结的破坏，力比多的退行退化也会发生，超我变得异常严厉和无情，自我服从超我，会产生强烈的反向形成，表现为认真、怜悯和清洁。虽然这并不总是成功，但谴责继续进行的幼儿早期自慰诱惑，它现在依附于退行的（施虐的肛欲期）观念，但它仍然代表着生殖器组织的未结合部分。这种状态存在着内在的矛盾，在这种矛盾中，正是为了男性气概的利益（也就是说，出于对阉割的恐惧），所有属于男性气概的活动都被停止了。但在这里，强迫性神经症也只是过度使用了摆脱俄狄浦斯情结的正常方法。我们再次在这里发现了一个事实的例证，即每一次夸张都包含着自己撤销的种子。因为，在强迫行为的幌子下，被压抑的自慰越来越接近满足。

我认为，强迫性神经症的自我反向形成，是对正常性格形成的夸大，应该被视为另一种防御机制，与退行和潜抑并列。在癔症中，它们似乎缺席了，或者非常微弱。回顾过去，我们现在可以了解癔症中防御过程的独特之处。这一过程似乎仅限于潜抑。自我远离了令人厌恶的本能冲动，让它在无意识中继续前进，不再参与命运。这种观点不可能是绝对正确的，因为我们熟悉这样一种情况，即癔症的症状同时也是超我施加的惩罚的实现，但它可能描述了癔症中自我行为的一般特征。

我们要么简单地接受这一事实，即在强迫性神经症中出现了这种严重的超我，要么我们可以将力比多的退行作为情感的基本特征，并尝试将超我的严重性与之联系起来，事实上，超我起源于本我，它不能将自己从发生本能退行和消解的地方分离出来。不能脱离那里发生的本能的回归和消解。如果它变得比正常的发展更严酷、更无情、更折磨人，我们不会感到惊讶。

---

❶ 这一点在附录 A（c）中进行了讨论。

潜伏期的主要任务似乎是抵御自慰的诱惑。这场斗争产生了一系列症状，这些症状在大多数不同的个体中以典型的方式出现，并且通常具有仪式性的特征。非常遗憾的是，目前还没有人收集这些症状并对其进行系统分析。作为神经症的最早产物，它们应该能够揭示其症状形成的机制。它们已经表现出了一些特征，如果严重的疾病接踵而至，这些特征将是灾难性的；它们也倾向于重复和浪费时间。为什么会这样，目前还不清楚，但肛欲性爱成分的升华在其中起着不可忽视的作用。

青春期的到来开启了强迫性神经症史上决定性的一章。在童年时期就已经被中断的生殖器组织再次重启巨大的活力。但是，正如我们所知，童年时期的性发展决定了青春期的新开端将走向何方。不仅会重新唤醒早期的攻击性冲动，而且新的力比多冲动或多或少——在糟糕的情况下，甚至全部——都将遵循退行为其规定的路线，并将表现为攻击性和破坏性倾向。由于情欲趋势以这种方式被掩盖，并且由于自我强大的反向形成，因此，反对性的斗争将在道德原则的旗帜下继续进行。自我会由于从本我进入意识所激发的残忍和暴力而惊讶地退缩，它没有意识到在这些提示中它是在对抗情欲愿望，包括一些它本不会感到例外的愿望。过度严苛的超我更加强烈地坚持对性的压制，因为这已经呈现出如此令人厌恶的形式。因此，在强迫性神经症中，冲突在两个方向上加剧：防御力量变得更不宽容，而被阻挡的力量变得更难以忍受。这两种影响都是由于一个因素，即力比多的退行。

很多人可能会反对我所说的话，理由是这些令人不快的强迫性想法本身是有意识的。但毫无疑问，在变为意识之前，它们经历了潜抑的过程。在大多数情况下，自我完全不知道攻击性本能冲动的实际措辞，需要大量的分析工作才能使其意识到。真正渗透到意识中的通常只是一种扭曲的替代品，它要么是模糊的、梦幻般的、不确定的性质，要么是被扭曲得无法识别。即使潜抑没有侵犯攻击性冲动的内容，它也肯定摆脱了它伴随的情感特征。结果，这种攻击性在自我看来并不是一种冲动，而是像患者自己所说的那样，只是一种"思想"，不会唤醒任何情感。❶ 但值得注意的是，事实并非如

---

❶ 所有这些见"鼠人"案例（1909d, *Standard Ed.*, 10, 221 ff. and 167n.）。

此。所发生的是，当强迫的想法在不同的地方被感知时，情感被忽略。超我表现得好像潜抑没有发生，好像它知道攻击性冲动的真实措辞和全部情感特征，它相应地对待自我。一方面，自我知道自己是无辜的，另一方面，自我有义务意识到一种罪恶感，承担一种无法解释的责任。然而，这种情况并不像乍一看那样令人费解。超我的行为是完全可理解的，而自我中的矛盾仅仅表明它通过潜抑的方式将本我拒之门外，同时仍然完全可以受到超我的影响。❶ 如果有人问到，为什么自我不试图从超我的折磨批判中退出？答案是，它确实在很多情况下做到了这一点。有一些强迫性神经症，无论发生什么都没有负罪感。在他们身上，就我们所能看到的，自我通过实施惩罚或自我惩罚的限制来避免意识到这一点。然而，这些症状同时代表了对受虐冲动的满足，而这种满足又被退行所强化。

强迫性神经症呈现出如此多样的现象，以至于还没有任何努力能够成功地将其所有变体进行连贯综合。我们所能做的就是找出某些典型的相关性；但总有一种风险，那就是我们可能忽略了其他同样重要的一致性。

我已经描述了强迫性神经症症状形成的一般趋势。它是以牺牲挫折为代价，给替代性满足以更大的空间。由于自我倾向于综合，曾经代表自我限制的症状后来也代表了满足，很明显，这第二种意义逐渐成为两者中更重要的一种。这一过程的结果，越来越接近于防御的最初目的的完全失败，是一种极度受限的自我，它在症状中寻求满足。为了满足而改变力量的分配可能会导致可怕的最终结果，即麻痹自我的意志，在它必须做出的每一个决定中，几乎都受到来自一方和来自另一方的强烈推动。本我和超我之间过于尖锐的冲突从一开始就主宰了疾病，可能会占据较高的比例，以至于自我无法履行其调停者的职责，且无法承担任何不被卷入冲突范围的事情。

VI

在这些斗争的过程中，我们遇到了自我的两种活动，它们形成了症状，值得特别注意，因为它们显然是潜抑的代替品，因此精心设计以说明其目的

---

❶ Cf. Theodor Reik, 1925, 51.

和技巧。这种辅助性和替代性技术出现的事实可能会证明，真正的潜抑在其功能上遇到了困难。如果我们考虑到自我在强迫性神经症中比在癔症中更多地成为症状形成的场景，以及自我以多大的韧性坚持其与现实和意识的关系，为此目的运用其所有的智力，以及思考的过程是如何变得过度贯注和情欲化的，那么人们或许可以更好地理解这些潜抑的变化。

我所指的两种技术正在摧毁已经发生的事情，并将其孤立起来。❶ 第一种技术有着广泛的应用范围，而且可以追溯到很久以前。它实际上是一种消极的魔法，并通过运动象征的方式，试图"吹走"不仅仅是某个事件（或经历或印象）的后果，而是事件本身，以提醒读者，这种技术不仅在神经症中发挥作用，而且在魔术表演、流行习俗和宗教仪式中也发挥作用。在强迫性神经症中，消除已经做过的事情的技巧首先出现在"双相"症状中，在这种症状中，第一个动作被第二个动作抵消，这样就好像两个动作都没有发生过，而在现实中，两者都发生了。这种毁灭的目的是强迫性神经症仪式的第二个潜在动机，第一个动机是采取预防措施，以防止某些特定事件的发生或再次发生。两者之间的区别很容易看出：预防措施是理性的，而试图通过"使其不发生"来摆脱某些事情是非理性的，具有魔法的性质。当然，可以怀疑后者是两者的早期动机，并源于对环境的万物有灵论态度。当一个人决定将一件事视为没有发生时，这种行为最终会让人无法恢复正常行为。但是，尽管他不会对这件事采取任何直接措施，也不会进一步关注它或它的后果，但神经质的人会试图让过去变得不存在。他将试图用运动方式将其潜抑。同样的目的也许可以解释这种神经症中经常遇到的对重复的强迫，而这种强迫的执行同时又为许多相互矛盾的意图服务。当任何事情没有以期望的方式发生时，它会以不同的方式重复而被撤销。因此，所有存在于这种重复中的动机也开始发挥作用。随着神经症的发展，我们经常发现，试图消除创伤经历是症状形成过程中最重要的动机。因此，我们意外地发现了一种新的运动防御技术或者潜抑（正如我们在这种情况下所说的，不太准确）。

---

❶ 这两种技术在"鼠人"案例中均提到过（1909d，*Standard Ed.*,10，235-6 and 243）。第一个在德语是 *ungeschenmachen*，字面意思是"使不发生的事情"（making unhappened）。

我们将首次描述的第二种技术，即隔离，是强迫性神经症所特有的。它也发生在运动领域。当主体发生了不愉快的事情，或者当他自己做了对他的神经症有意义的事情时，他会插入一段时间，在这段时间内，任何事情都不能再发生，在此期间，他必须什么都不觉察，什么也不做，很快我们就会发现这与潜抑有关系。我们知道，在癔症中，有可能导致创伤体验被失忆所取代。在强迫性神经症中，这往往无法实现：这种体验不会被遗忘，而是被剥夺了它的情感，并且它的联想连接被抑制或中断，使得它保持独立，不会在普通的思维过程中再现。这种隔离的效果与失忆的潜抑作用相同。因此，这种技术在强迫性神经症的隔离中得以重现；同时，它也被赋予了用于魔法目的的运动强化。以这种方式分开的元素正是那些关联在一起的元素。运动隔离旨在确保思想上连接的中断。正常的注意力集中现象为这种神经症的过程提供了一个借口：在我们看来，印象或工作片段中重要的东西不能被任何其他心理过程或活动同时主张所干扰。但是，即使是一个正常的人，他也会集中注意力，不仅不去关注那些无关紧要或不重要的东西，而且最重要的是，远离那些不适合的东西，因为它们是矛盾的。他最不安的是那些曾经在一起的元素，但在他的发展过程中却被撕裂了——例如，他在与上帝的关系中表现出父亲情结的矛盾心理，或者是他爱的情感中附着在排泄器官上的冲动。因此，在正常的过程中，自我在其引导思想流的功能中有大量的隔离工作要做。而且，正如我们所知，在执行我们的分析技术时，我们有义务训练它暂时放弃这个功能，这一点通常是非常合理的。

我们都从经验中发现，对于一个强迫性神经症患者来说，执行精神分析的基本规则尤其困难。他的自我更加警惕，并做出更尖锐的隔离，这可能是因为他的超我和本我之间的冲突导致了高度的紧张。当他在思考时，他的自我必须避免过多的无意识幻想的侵扰和矛盾倾向的表现。它绝不能放松，而是不断为斗争做好准备。它通过神奇的隔离行为强化了这种集中注意力和隔离的冲动，这些隔离行为以症状的形式变得如此引人注目，对患者来说具有如此重要的实际意义，但这些行为本身当然是无用的，而且是仪式性的。

但在这样努力防止思想的联想和连接时，自我服从了强迫性神经症最古老、最基本的命令之一，即禁止触摸。如果我们问自己，为什么避免触摸、接触或感染会在这种神经症中扮演如此重要的角色，并成为复杂系统的主题？那么答案是，触摸和身体接触是攻击性和爱的客体贯注的直接目的❶，性欲渴望接触，因为它努力使自我和爱的客体合而为一，消除它们之间的所有空间障碍。但是，破坏性（在远程武器发明之前）也只能在近距离产生效果，必须以身体接触为前提，即发生冲突。"触摸"女性已经成为将她作为性客体的委婉说法。不要"触摸"自己的生殖器是用来禁止自我情欲满足的短语。由于强迫性神经症开始于迫害性情欲触摸，然后在退行发生后，继续以攻击性的名义进行迫害性触摸，因此，在这种疾病中，没有什么比触摸更被强烈禁止的，也没有什么比它更适合成为禁止系统的中心点。但隔离正在消除接触的可能性，这是一种防止物体被任何方式触摸的方法。当一个神经症患者通过插入一个间隔来隔离一个印象或一个活动时，他让人们象征性地理解，他不会让他对这个印象或活动的想法与其他想法产生关联接触。

这是我们对症状形成的调查。总结它们几乎不值得，因为它们所产生的结果很少且不完整，几乎没有告诉我们任何我们还不知道的东西。将注意力转向恐惧症、转换型癔症和强迫性神经症之外的其他疾病的症状形成是徒劳的，因为对它们的了解太少了。但在一起回顾这三种神经症时，我们遇到了一个非常严重的问题，再也不能推迟考虑这个问题。三者的结果都是俄狄浦斯情结的破灭；我们认为，在这三种情况下，自我反对的动力都是对阉割的恐惧。然而，只有在恐惧症中，这种恐惧才会浮出水面并得到承认。其他两个神经症的情况如何？自我是如何避免这种恐惧的？当我们回忆起已经提到的一种可能性时，这个问题就变得更加突出了，即焦虑是通过一种发酵直接产生的，这种发酵来自一种过程被扰乱的力比多贯注。此外，对阉割的恐惧是潜抑（或防御）的唯一动力，这是绝对肯定的吗？如果我们想到女性的神经症，我们肯定会怀疑它。因为尽管我们可以肯定地在她们身上确定存在阉割情结，但在已经发生阉割的情况下，我们很难谈论阉割焦虑的恰当性。

---

❶ 参见 *Totem and Taboo*（1912—1913）第二篇文章中的几段。

VII

让我们再次回到婴儿对动物的恐惧；因为，当一切都说了、做了，我们比任何其他情况都更理解它们。那么，在动物恐惧症中，自我必须反对来自本我的力比多客体贯注——这种贯注属于积极的或消极的俄狄浦斯情结——因为它认为让位于它会带来阉割的危险。这个问题已经讨论过了，但仍有一个疑点需要澄清。在"小汉斯"中，也就是说，在一个积极的俄狄浦斯情结的案例中，是他对母亲的喜爱，还是他对父亲的攻击，导致了自我的防御？在实践中，这似乎没有什么区别，尤其是当每一种感觉都暗含着另一种感觉时；但这个问题有一个理论上的意义，因为只是对母亲的感情，可以算作纯粹的情欲情感。攻击性冲动主要来自破坏性本能；我们一直认为，在神经症中，是通过反对力比多的要求，而不是任何其他本能的要求，自我在进行对自己的防御。事实上，我们知道，在"小汉斯"恐惧症形成后，他对母亲的温柔依恋似乎消失了，被潜抑彻底消除了，而症状的形成（替代性形成）则与他的攻击性冲动有关。在"狼人"中，情况更简单。被潜抑的他对父亲的女性态度的冲动是一种真正的情欲冲动，正是由于这种冲动，他的症状才得以形成。

在研究了这么长时间之后，我们仍然难以理解最基本的事实，这几乎是一种耻辱。但我们已经下定决心，什么都不简化，什么也不隐藏。如果我们看不清楚事物，我们至少可以清楚地看到什么是模糊的。阻碍我们前进的显然是本能理论发展中的一些障碍。我们首先追溯了力比多组织的连续阶段——从口欲，经由施虐的肛欲，再到生殖器的各个阶段，并将性本能的所有组成部分放在了同一个基础上。后来发现，施虐是另一种本能的代表，这一本能与爱欲相反。这一新观点认为，本能分为两组，似乎打破了力比多组织各阶段的早期结构。但我们不必为了找到摆脱困境的方法而另辟蹊径。解决方案已经存在了很长一段时间，并且存在于这样一个事实：我们所关注的从来都不是纯粹的本能冲动，而是两组本能的不同比例的混合。如果是这样，就没有必要改变我们对力比多组织的看法。对一个客体的施虐性贯注也可以被合法地宣称为力比多指向的；对父亲的攻击性冲动和对母亲的温柔冲动一样会受到潜抑。然而，为了将来考虑，我们应该记住这样一种可能性：潜抑是一种与力比多的生殖器组织有特殊联系的过程，当自我不得不在其他组织层面上对抗力比多以保全自己时，它会诉诸其他防御方法。继续前言，像"小汉斯"这样的案例并不能让我们得出任何明确的结论。的确，在他身上，一种攻击性的冲动被潜抑所消除，但这发生在达到生殖器组织水平之后。

这一次，我们不会忽视焦虑所起的作用。我们已经说过，一旦自我意识到阉割的危险，它就会发出焦虑的信号，并通过快乐-不快乐中介（以我们目前还无法理解的方式）抑制本我中即将到来的贯注过程。与此同时，恐惧形成。现在，阉割焦虑被引向一个不同的客体，并以扭曲的形式表达，因此，患者害怕的不是被父亲阉割，而是被马咬伤或被狼吞食。这种替代形成有两个明显的优点。首先，它避免了矛盾性（因为父亲也是爱的客体）导致的冲突；其次，它使自我不再产生焦虑。因为属于恐惧的焦虑是有条件的，只有当它的客体被感知到——并且正确地被感知到时，它才会出现，因为只有在那时，危险情境才会出现。没有必要害怕被不在那里的父亲阉割。另一方面，一个人无法摆脱父亲，他可以随时出现。但如果他被一只动物取代，人们所要做的就是避免看到这只动物，也就是说，避免这只动物的出现，就可以摆脱危险和焦虑。因此，小汉斯对他的自我施加了限制。他抑制住自己不出门，以免碰到任何马。这位年轻的俄罗斯人过得更轻松，因为他再也不看特别的绘本了。如果他顽皮的妹妹没有不停地给他看那本有狼直立照片的书，他就可以从恐惧中感到安全了。❶

在之前的一次演讲中，我曾说过，恐惧症具有一种投射的特征，即他们用一种外在的、感知的危险来代替内在的、本能的危险。这种恐惧症的优点是，受试者可以通过逃避对外部危险的感知来保护自己，而逃避来自内在的危险是没有用的。❷ 我的这句话并没有错，但它并没有深入事物表层以下。毕竟，本能的需求本身并不危险，它只会导致真正的外部危险——阉

---

❶ *Standard Ed.*, 17, 15-16.

❷ 参见 Freud 关于《论潜意识》(1915e, *Standard Ed.*, 14, 182-4) 的元心理学论文第四节中对恐惧症的描述。另见前面的编者导论。

割危险。因此，恐惧症最后发生的情况只是一种外部危险被另一种危险所取代。在恐惧症中，自我能够通过回避或抑制症状来逃避焦虑，这种观点与焦虑只是一种情感信号的理论非常符合，经济状况没有发生变化的理论。

因此，动物恐惧症中的焦虑是自我对危险的情感反应，以这种方式发出的危险是阉割危险。这种焦虑在任何方面都不同于自我在危险情境下通常感觉到的现实焦虑，只是它的内容保持无意识，只以扭曲的形式变得意识化。

我认为，成年人的恐惧症也是如此，尽管他们的神经系统所处理的物质要丰富得多，而且在症状的形成过程中还有一些额外的因素。从根本上讲，立场是一致的。广场恐惧症患者对自己的自我施加限制，以逃避某种本能的危险，即让位于自己的情欲危险。因为如果他这样做的话，被阉割的危险，或者类似的危险，会再次像他童年时一样被唤起。我可以举一个例子，一个年轻人因为害怕屈服于妓女的引诱，害怕感染梅毒，而成为广场恐惧症患者，以此作为惩罚。

我很清楚，许多病例呈现出更复杂的结构，许多其他被潜抑的本能冲动也会加入恐惧症。但它们只是支流，大部分都在后期加入了神经症的主流。广场恐惧症的症状因自我并不局限于放弃而变得复杂。为了避免危险，它做了更多的事情：它通常会导致时间上退行至婴儿期（在极端情况下，甚至退行至主体处于母亲子宫中的时间，而受到保护，免受目前威胁他的危险）。这种退行现在成为一种条件，它的实现使自我免于放弃。例如，一个广场恐惧症患者可以在街上行走，只要他像一个小孩一样，有他认识和信任的人陪伴；或者，出于同样的原因，他可以独自外出，前提是他与自己的房子保持一定距离，并且不去他不熟悉的地方或人们不认识他的地方。这些条件是什么，将取决于通过神经症来主导他的婴儿因素。孤独恐惧症的含义是明确的，不管是否有任何婴儿退行：它最终是为了避免沉迷于单独自慰的诱感。当然，婴儿退行只能在主体不再是孩子时发生。

经历了第一次焦虑发作后，恐惧症通常发生在特定情况下，如在街上、火车上或独处时。此后，焦虑被恐惧症抑制住了，但每当保护条件无法满足时，焦虑就会再次出现。恐惧症的机制是一种很好的防御手段，而且往往非常稳定。防御斗争的继续，以对抗症状的形式，经常发生，但并非总是发生。

我们从恐惧症中所了解的焦虑也适用于强迫性神经症。在这方面，我们不难将强迫性神经症患者与恐惧症联系起来。在前者中，所有后来症状形成的主要动力显然是自我对其超我的恐惧。自我必须摆脱的危险情境是超我的敌意。这里没有投射的痕迹，危险已经完全内化。但如果我们问自己，自我对超我恐惧的是什么，我们不能不认为超我所威胁的惩罚必然是阉割惩罚的延伸。正如父亲以超我的形式去人格化一样，对他手中阉割的恐惧也转化为一种不确定的社会或道德焦虑。❶但这种焦虑是隐藏的。自我通过顺从地执行命令、预防措施和惩罚来逃避它。如果这样做时受到阻碍，它会立即被一种极度痛苦的不适感所取代，这种不适感可能被视为焦虑的等价物，患者自己将其比作焦虑。

那么，我们得出的结论是这样的。焦虑是对危险情境的一种反应。它是通过自我采取措施来避免或退出这种情境而消除的。可以说，症状的产生是为了避免焦虑的产生。但这还不够深入。更真实的说法是，症状的产生是为了避免危险情境的发生，而这种危险情境的出现是由焦虑的产生所引起的。在我们讨论过的案例中，所涉及的危险是阉割的危险，或者可以追溯到与阉割相关的情况。

如果焦虑是自我对危险的一种反应，我们会倾向于将创伤性神经症视为对死亡的恐惧（或对生命的恐惧）的直接结果，而忽视阉割问题和自我的依赖关系。大多数观察到上一次战争❷期间发生的创伤性神经症的人都采取了这一路线，并得意扬扬地宣布，现在即将有证据表明，对自我保护本能的威胁本身可以产生神经症，而不需要任何性因素的混合，也不需要任何复杂的

---

❶ "*Gewissensangst*"的字面意思是"conscience anxiety"。这个词经常给译者带来麻烦。在日常用法中，它的意思只不过是"良心的不安"。但在 Freud 那里，就像在这篇文章中一样，强调的往往是概念中的焦虑因素。有时，甚至，在"良心"和"超我"之间的区别没有明确划分的地方，它可能被称为"良心恐惧"。关于这些问题的最充分的讨论可以在《文明及其不满》（1930a）的第 7 章和第 8 章中找到。

❷ 第一次世界大战。

心理分析假设。事实上，对创伤性神经症没有任何价值的单一分析是非常遗憾的。❶ 令人遗憾的是，这并不是因为这样的分析会与性的病因重要性相矛盾，因为任何这样的矛盾早就被自恋的概念所取代，这使自我的力比多性贯注与客体的贯注一致，并强调了自体保存本能的力比多特点，但因为在缺乏此类分析的情况下，我们失去了对焦虑与症状形成之间的关系得出决定性结论的最宝贵机会。鉴于我们对日常生活中相对简单的神经症的结构所了解的一切，如果没有任何深层次的心理机制的参与，神经症似乎极不可能仅仅因为客观存在的危险而产生。但无意识似乎没有任何东西能给生命毁灭概念带来任何内容。可以根据粪便与身体分离的日常经验或断奶时失去母亲乳房的经验来描绘阉割。❷ 但从未有过类似死亡的经历；或者，如果它像昏厥一样，没有留下任何可观察到的痕迹。因此，我倾向于坚持这样一种观点，即对死亡的恐惧应该被视为类似于对阉割的恐惧，让自我做出反应的情境之一是被保护性超我（命运的力量）放弃的自我体验，因此它不再有任何安全措施来抵御周围的所有危险。❸ 此外，必须记住，在导致创伤性神经症的经历中，对外部刺激的保护屏障被打破，过多的兴奋冲击精神装置；因此，我们这里有第二种可能性，即焦虑不仅是一种情感信号，而且是从当前的经济状况中新产生的。

我刚才所做的陈述，大意是自我已经准备好通过不断重复的客体丧失来期待阉割，将焦虑问题放在了一个新的角度。迄今为止，我们一直将其视为危险的情感信号；但现在，由于阉割往往是一种危险，它对我们来说是一种对丧失、分离的反应。尽管立即出现了许多反对这一观点的考虑，但我们不能不被一个非常显著的相关性所打动。一个人经历的第一次焦虑（就人类而言，在所有事件中）是出生，客观地说，出生是与母亲的分离。这可以比作对母亲的阉割（将孩子等同于阴茎）。现在，如果焦虑作为分离的象征，在随后的每一次分离中都能再次出现，那将是非常令人满意的。但不幸的是，我们无法利用这种相关性，因为主观上出生并不会被体验为与母亲的分离，

---

❶ 参考 Freud 关于战争神经症的讨论（1919d）。
❷ 参见 1923 年添加到"小汉斯"病例的脚注（*Standard Ed.*, 10, 8-9）。
❸ 参见 *The Ego and the Id*（1923b）最后几段。

因为胎儿是一个完全自恋的生物，完全不知道它作为一个客体的存在。另一个不利的论点是，我们知道对分离的情感反应是什么：它们是痛苦和哀悼，而不是焦虑。顺便说一句，人们可能会记得，在讨论哀悼问题时，我们也没能发现为什么这会是一件如此痛苦的事情。❶

VIII

现在是停下来考虑的时候了。我们显然想要的是找到一些东西来告诉我们焦虑到底是什么，一些标准能够让我们区分焦虑的真实状态和虚假状态。但这并不容易。焦虑并不是一件简单的事情。到目前为止，我们对焦虑只得出了相互矛盾的观点，在没有偏见的人看来，这些观点都不能优先于其他观点。因此，我建议采取不同的程序。我主张非常公正地收集我们所了解的关于焦虑的所有事实，而不期望得出新的综合结果。

那么，焦虑首先是感觉到的东西。我们称之为情感状态，尽管我们也不知道什么是情感。作为一种感觉，焦虑具有非常明显的不愉快特征。但这并不是它的全部特征。并非所有的不愉快都可以称为焦虑，因为还有其他的感觉，如紧张、痛苦或哀悼，都具有不愉快的特征。因此，除了这种不愉快的特征之外，焦虑还必须具有其他显著的特征。我们能否成功地理解这些不愉快情感之间的差异？

我们至少可以注意到焦虑感受的一两件事。它令人不愉快的特征似乎有一个自己的特点——不太明显，很难证明它的存在，但它很可能存在。但除了具有这种难以隔离的特殊特征外，我们注意到焦虑伴随着相当明确的身体感觉，这些感觉可以指向特定的器官。由于我们在这里不关心焦虑的生理学，我们将满足于提及这些感觉的几个表征。最清晰和最常见的是那些与呼吸器官和心脏相关的感觉。❷ 他们提供了证据表明，运动神经，即释放过程，在焦虑的普遍现象中发挥了作用。

---

❶ 参考 *Mourning and Melancholia*（1917e，*Standard Ed*.,14，244-5）。Freud 在附录 C 又回到了这个主题。

❷ 参考 Freud 关于焦虑神经症的第一篇论文（1895b）第一节第三段。

因此，对焦虑状态的分析揭示了其不愉快的特定特征、释放行为和对这些行为的感知。最后两点同时表明了焦虑状态和其他类似状态之间的差异，如哀悼和痛苦状态。后者没有任何运动表现；或者，如果它们有，那么其表现不是整个状态的一个组成部分，而是作为其结果或对其的反应而与之不同。因此，"焦虑"是一种特殊的不愉快状态，伴随着沿特定路径的释放行为。根据我们的一般观点❶，我们应该倾向于认为，焦虑是基于兴奋的增加，这些兴奋一方面产生不愉快的特征，另一方面通过前面提到的释放行为获得缓解。但这种纯粹的生理学解释很难让我们满意。我们倾向于假设一种历史因素的存在，这种因素将焦虑的感觉及其神经支配牢牢地结合在一起。换言之，我们假设焦虑状态是某种经验的再现，这种经验包含了兴奋增加和沿着特定路径释放的必要条件，焦虑的不愉快从这种情况中获得了它的特定特征，因此，我们倾向于将焦虑状态视为出生创伤的再现。

这并不意味着焦虑在情感状态中占有特殊地位。在我看来，其他情感也是非常早期的，甚至是个体前的，至关重要的经历的复制；我应该倾向于将其视为普遍的、典型的和天生的癔症发作，而不是最近和个别获得的发作，这些发作发生在癔症性神经症中，其起源和作为记忆符号的意义已经通过分析揭示。当然，能够在许多这样的情感中证明这一观点的真实性是非常可取的，而事实远非如此。❷

焦虑可以追溯到出生事件，这一观点引起了必须立即予以解决的反对意见。可以认为，焦虑是一种反应，这种反应很可能是每一种生物，当然是每一个更高层次的生物所共有的，而出生只有哺乳动物经历过；甚至，在所有这些人中，出生是否具有创伤的意义也是值得怀疑的。因此，如果没有出生的原型，也可能有焦虑。但这一反对意见使我们超越了心理学和生物学的界限。正是因为焦虑作为对危险情境的反应，具有不可或缺的生物学功能，所以在不同的生物体中，焦虑是不同的。此外，我们还不知道焦虑是否与人类自身的感觉和神经一样，在远离人类的生物体中也存在。

---

❶ 例如在 *Beyond the Pleasure Principle* (1920g, Standard Ed., 18, 7ff) 的开篇。

❷ 这种观点可能来源于达尔文的 *Expression of the Emotions* (1872)，Freud 在 *Studies on Hysteria* (1895d, Standard Ed., 2, 181) 中引用了这一观点。见编者导论。

因此，这里没有好的论据反对这样一种观点，即在人类中，焦虑是以出生过程为模型的。

如果焦虑的结构和起源如所描述的那样，那么下一个问题是：焦虑的功能是什么，在什么情况下它被再现？答案似乎显而易见且令人信服：焦虑最初是作为对危险情境的反应而产生的，每当这种情境再次出现时，焦虑就会重现。

然而，这个回答引发了进一步的思考。最初焦虑状态中的神经支配可能有其意义和目的，就像伴随着第一次癔症发作的肌肉运动一样。为了理解癔症发作，我们所要做的就是寻找这种情况，在这种情况下，所讨论的运动构成了适当和权宜之计的一部分。因此，在出生时，神经支配很可能被引导到呼吸器官，为肺部的活动铺平道路，并加速心跳，帮助保持血液中没有有毒物质。当然，当焦虑状态作为一种情感在以后重现时，它将缺乏任何这种权宜之计，就像癔症发作的重复一样。当个体处于一种新的危险境地时，他很可能不适合以焦虑状态（这是对早期危险的反应）来回应，而是要对当前的危险做出适当的反应。但是，如果危险状况在逼近时被认识到，并由焦虑的爆发发出信号，那么他的行为可能会再次变得有利。这样他可以通过采取更合适的措施来立即摆脱焦虑。因此，我们看到焦虑可以通过两种方式出现：一种是在新的危险情境发生时以不恰当的方式出现，另一种是为了发出信号并防止这种情况发生而采取的权宜之计。

但什么是"危险"？在出生的过程中，存在着真正的生命危险。我们客观地知道这意味着什么，但从心理学的角度来说，这对我们来说毫无意义。出生的危险还没有心理层面的内容。我们不可能假设胎儿知道自己的生命有可能被摧毁。它只能意识到其自恋的力比多在经济上的巨大干扰。大量的兴奋涌入其中，产生了新的不愉快感，一些器官获得了更多的贯注，从而预示了即将到来的客体贯注。这一切中的哪些元素将被用作"危险情境"的标志？

不幸的是，人们对新生婴儿的心理构成知之甚少，无法做出直接的回答。我甚至不能保证我刚才描述的真实性。可以说，婴儿会在每一种回忆出生事件的情况下重复其焦虑情感。重要的是要知道是什么唤醒了该事件以及唤醒的是什么。

我们所能做的就是研究怀抱中的婴儿或稍大一点的孩子在什么情况下会表现出焦虑。在《出生创伤》一书中，Rank（1924）坚定地试图在儿童最早的恐惧症和出生事件给他们留下的印象之间建立一种关系。但我认为他没有成功。针对他的理论有两种反对意见。首先，他假设婴儿在出生时已经接受了某些感官印象，特别是视觉印象，它的更新会让人回忆起出生时的创伤，从而引发焦虑反应。这种假设是完全没有根据的，也是极不可能的。儿童除了与出生过程相关的触觉和一般感觉之外，还应保留任何其他感觉，这是不可信的。如果以后，儿童对小动物消失在洞里或从洞里出来感到恐惧，根据Rank的说法，这是因为他们感知到了一个类比。但这是一个他们无法意识到的类比。其次，在考虑这些后来的焦虑情境时，Rank根据自己的需要，一会儿根据孩子对子宫内幸福生活的回忆，一会儿根据孩子对中断这种生活的创伤性干扰的回忆，这就为武断的解释敞开了大门。此外，还有一些童年焦虑的例子直接贯穿了他的理论。例如，当一个孩子被独自留在黑暗中时，根据他的观点，人们会期望它重新建立子宫内情境；然而，正是在这种情况下，孩子的反应是焦虑的。如果用这样一句话来解释，即孩子被提醒了出生事件中断了其子宫内的幸福，那么人们就不可能再对这种牵强的解释视而不见了。❶

我得出的结论是，婴儿期最早的恐惧症不能直接追溯到对出生行为的印象，而且到目前为止还没有得到解释。毫无疑问，怀里的婴儿对焦虑有一定的准备。但这种对焦虑的准备，并不是在出生后立即达到最大值，然后慢慢减少，而是随着心理发展的进行，直到后来才会出现，并持续到童年的某个时期。如果这些早期恐惧症持续到该时期之后，人们倾向于怀疑是否存在神经质紊乱，尽管目前尚不清楚它们与童年后期出现的毋庸置疑的神经症之间的关系。

我们只能理解儿童焦虑的几种表现，我们必须将注意力集中在这些表现上。例如，当一个孩子独自一人或在黑暗中时❷，或者当他发现自己和

---

❶ Rank的理论将在下文进一步讨论。
❷ 参考Freud的 *Three Essays*（1905d, *Standard Ed.*, 7, 224）第三部分第五节的脚注。

一个不认识的人在一起，而不是像他的母亲这样的人，就会发生这种情况。这三种情况可以归结为一种情况，即失去一个被爱和渴望的人。但我认为，在这里，我们有了理解焦虑的关键，也有了解决似乎令其困扰的矛盾的关键。

毫无疑问，孩子对渴望的人的记忆形象受到了强烈的引导，最初可能是以幻觉的方式。但这没有效果，现在，这种渴望似乎变成了焦虑。这种焦虑看起来像是孩子智力极限的一种表达，仿佛在还未发育的状态下，它不知道如何更好地应对这种渴望的贯注。在这里，焦虑表现为对客体丧失感觉的反应；我们立刻意识到，阉割焦虑也是一种对与一个高度重视的客体分离的恐惧，而出生时所有"原始焦虑"中最早的焦虑是在与母亲分离时产生的。

但片刻的反思让我们超越了客体丧失的问题。怀里的婴儿之所以想感知到母亲的存在，只是因为它已经通过经验知道，母亲可以毫不拖延地满足自己的所有需求。因此，它认为这是一种"危险"，它希望得到保护，而这种不满足的情形，由于需求的存在而紧张局势日益加剧，对此它无能为力。我认为，如果我们采纳这一观点，所有的事实就都明白了。在不满足的情况下，刺激量上升到令人不愉快的高度，而不可能从心理上掌握或释放它们，对婴儿来说，必须与出生的经历类似，必须是危险情境的重复。这两种情境的共同点是，经济动荡是需要处理的大量刺激的累积引起的。因此，正是这个因素才是"危险"的真正本质。在这两种情境下，焦虑的反应开始了。（这种反应在怀里的婴儿身上仍然是一种权宜之计，因为释放被引导到呼吸和发声肌肉装置中，现在把母亲叫到它身边，就像焦虑反应激活新生婴儿的肺部以摆脱内部刺激一样。）没有必要假设孩子从出生时就携带着比这种表示危险的方式更多的东西。

当婴儿通过经验发现，一个外部的、可感知的物体可以结束让人联想到出生的危险情境时，它所担心的危险的内容就从经济状况转移到决定这种情境的条件，即客体的丧失。现在的危险是母亲的缺席；一旦危险出现，婴儿就会在可怕的经济形势开始之前发出焦虑的信号。这一变化是婴儿自我保护的第一大步，同时也代表着从焦虑的自动和非自愿的新出现到焦虑作为危险信号的有意再现的转变。

在这两个方面，作为一种自动现象和一种救援信号，焦虑被视为是婴儿心理无助的产物，而心理无助是其生理无助的自然对应物。新生儿的焦虑和怀抱中婴儿的焦虑都受到与母亲分离的影响，这一惊人的巧合无需从心理学角度解释。从生物学上来说，它可以解释得很简单；因为，正如母亲最初通过自己身体的器官来满足胎儿的所有需求一样，现在，在胎儿出生后，她继续这样做，尽管部分是通过其他方式。子宫内生活和早期婴儿期之间的连续性比我们想象中的令人印象深刻的分娩期更大。❶ 所发生的是，孩子作为胎儿的生理状况被与母亲的心理客体关系所取代。但我们不能忘记，在胎儿的子宫内生活中，母亲并不是胎儿的客体，而且当时根本没有客体。很明显，在这个图式中，没有地方发泄出生创伤。我们无法发现焦虑除了作为避免危险情境的信号之外，还有其他任何作用。

客体丧失作为焦虑的决定性因素的意义进一步扩大。对于焦虑的下一个转变，即属于阳具阶段的阉割焦虑，也是对分离的恐惧，因此与同一决定因素有关。在这种情况下，危险是与生殖器分离。我认为，Ferenczi（1925）非常正确地描绘了这种恐惧与早期危险局势中所包含的恐惧之间的清晰联系。阴茎所具有的高度自恋的价值可以呼吁这样一个事实，即该器官是它的拥有者的保证，他可以再次与母亲结合，也就是说，在交配的过程中替代母亲。失去它意味着与母亲再次分离，这反过来意味着由于本能的需要而无助地暴露在令人不快的紧张中，就像出生时的情况一样。但是，这种需求的增加令人担忧，现在是属于生殖器力比多的一种特定需求，不再像婴儿时期那样是一种不确定的需求。可以补充的是，对于一个阳痿的男人（也就是说，他被阉割的威胁所抑制），性交的替代品是回到母亲子宫的幻觉。按照Ferenczi 的思路，我们可以说，这名男子曾试图用自己的生殖器官来代表自己，让自己回到母亲的子宫里，现在（在幻觉中），他正在用自己的整个人退行地替代这个器官。❷

---

❶ "caesur"只出现在 1926 年的德文版本中，这是"censur（稽查，censorship）"的印刷错误。"caesura"这个词是从古典韵律中衍生出来的，意思是一行诗中的一种特殊的停顿。
❷ Freud 在"狼人"分析（1918b，*Standard Ed.*, 17）中讨论过幻觉。

儿童在其发展过程中取得的进步、其日益增长的独立性、其精神器官更为清晰地划分为几个机构、新需求的出现，都会对危险情境的内容产生影响。我们已经追踪到了内容的变化，即从母亲作为客体丧失到阉割。下一个变化是由超我的力量引起的。随着担心阉割的父母代理机构的去人格化，危险变得不那么明确。阉割焦虑发展为道德焦虑——社会焦虑，现在要知道焦虑什么并不那么容易。"从部落中分离和驱逐"这个公式只适用于在社会原型基础上形成的超我的后期部分，而不适用于超我的核心，后者对应于内射的父母代理，自我视为危险并以焦虑信号回应的是，超我应该对它感到愤怒、惩罚它或停止爱它。在我看来，超我的恐惧经历的最终转变是对死亡的恐惧（或对生命的恐惧），这是对超我投射到命运力量上的恐惧。❶

有一段时间，我很重视这样一种观点，即被用来释放焦虑的是在潜抑过程中被撤回的贯注。❷ 时至今日，我对这件事似乎没有什么兴趣。原因是，尽管我以前认为焦虑总是由经济过程自动产生的，但我现在将焦虑视为自我发出的信号，以影响快乐-不快乐机制，这就消除了考虑经济因素的必要性。当然，没有什么可以反对这样一种观点：正是通过潜抑而撤退且被解放出来的能量被自我用来唤起情感，但用于此目的的能量是哪一部分不再重要。

这种对事物的新看法要求对我的另一种主张进行审查，即自我是焦虑的真正根源。❸ 我认为这一主张仍然成立。没有理由将任何焦虑的表现都归因于超我；而"本我的焦虑"这一表述需要纠正，与其说是形式，不如说是实质。焦虑是一种情感状态，因此，当然，只有自我才能感受到焦虑。本我不能像自我一样焦虑，因为它不是一个组织，不能对危险情境作出判断。另一方面，在本我中发生或开始发生的过程往往会导致自我产生焦虑。事实上，最早以及最晚的潜抑很可能都是由这种关

---

❶ 参考前文。

❷ 参考 Freud 关于《论潜意识》（1915e, *Standard Ed.*, 14, 182）的元心理学论文第四节中的相关内容。

❸ 这在《自我与本我》（1923b）结尾前几页中可找到。

于本我的特定过程的自我焦虑所激发的。在这里，我们再次正确地区分了两种情况：一种情况是本我中发生了某种事情，它激活了自我的一种危险状况，并诱导后者发出焦虑信号，使抑制发生；另一种情况则是本我建立了类似于出生创伤的状况，并随之产生了焦虑的自动反应。如果有人指出，第二种情况对应于最早和最初的危险情境，而第一种情况对应于由此产生的焦虑的任何一种后来的决定因素，则这两种情况可以更接近；或者，应用于我们实际中遇到的疾病，第二种情况在"实际"神经症的病因中是有效的，而第一种情况对于精神神经症来说仍然是典型的。

因此，我们看到，问题不在于收回我们以前的发现，而在于使它们与最近的发现相一致。不可否认的事实是，在性节制中，在对性兴奋过程的不当干预中，或者如果后者被从精神上转移❶，焦虑直接来自力比多；换言之，自我在面对因需求而产生的过度紧张时，就像出生时的情况一样，会变成一种无助的状态，然后产生焦虑。在这里，尽管这件事并不重要，但很有可能的是，在焦虑的产生中得到释放的恰恰是未被利用的过剩的力比多。❷ 正如我们所知，精神神经症特别容易在"实际"神经症的基础上发展。这看起来似乎是自我试图从焦虑中拯救自己，它已经学会了暂时保持焦虑，并通过症状的形成来约束自己。对创伤性战争神经症的分析——一个涵盖了多种疾病的术语——很可能表明，其中一些具有"实际"神经症的某些特征。

在描述各种危险情境从其原型——出生行为——的演变时，我无意断言，焦虑的每一个后来的决定因素都会使前一个完全失效。的确，随着自我的发展，早期的危险情境往往会失去力量，被搁置一旁，因此，我们可以说，个体生命的每个阶段都有其焦虑的适当决定因素。因此，心理无助的危险，适合于自我不成熟的生命时期；客体丧失的危险，适合于个体仍然依赖他人的童年早期；阉割的危险，适合于阳具阶段；以及对超我的恐惧，适合

---

❶ "*Psychische Verarbeitung*"的字面意思是"精神工作"。这个短语可以在 Freud 关于焦虑神经症的第一篇论文（1895b）的第三节中找到，现在的整个段落都是对它的回应。

❷ 参考：类似的评论在最后一段的末尾，但也可见于编者导论中。

于潜伏期。尽管如此,所有这些危险情境和焦虑的决定因素都会并列存在,并导致自我在比适当的时间晚一些的时候对它们做出焦虑反应;或者,它们中的几个可以同时运行。此外,有可能的是,危险情境与随后的神经症所采取的形式之间存在相当密切的关系。❶

在本次讨论的前一部分,当我们发现阉割的危险在不止一种神经症疾病中具有重要意义时,我们要防止过度估计这一因素,因为这不可能是女性的决定性因素,女性无疑比男性更容易患神经症。我们现在看到,我们将阉割焦虑视为导致神经症的防御过程的唯一动力是没有危险的。我在其他地方❷已经展示了小女孩在发育过程中是如何被阉割情结引导去建立温柔的客体贯注的。正是在女性身上,客体丧失的危险情境似乎仍然是最有效的。我们所需要做的只是对焦虑的决定因素的描述稍作修改,从这个意义上说,这不再是一个感觉到缺乏或实际上丧失了客体本身的问题,而是丧失了客体的爱。毫无疑问,癔症与女性气质有着强烈的亲和力,就像强迫性神经症与男性气质一样,作为焦虑的一个决定因素,爱的丧失在癔症中的作用与阉割的威胁在恐惧症中作用以及对超我的恐惧在强迫性神经症中的作用大致相同。

---

❶ 由于自我和本我的分化,我们对潜抑问题的兴趣也必然会得到新的动力。直到那时,我们一直满足于将我们的兴趣局限于潜抑的一些方面,这些方面涉及自我、远离意识和能动性,以及替代物(症状)的形成。关于被潜抑的本能冲动,我们假设它们在无意识中无限长时间保持不变。但现在我们的兴趣转向了被潜抑者的沧桑,我们开始怀疑,这些冲动应该以这种方式保持不变和不可改变,这并不是不言自明的,也许甚至是不寻常的。毫无疑问,最初的冲动已经被潜抑并偏离了其目的。但它们在无意识中的部分是否保持了自己,并证明了生活的影响会改变和贬低它们?换言之,旧的愿望,即告诉我们其先前存在的分析,是否仍然存在?答案似乎唾手可得,而且是肯定的。这是因为,旧的、被潜抑的愿望必须仍然存在于潜意识中,因为我们仍然发现它们的衍生物——症状在运作中。但这个答案还不够。它不能让我们在两种可能性之间做出决定:要么旧愿望现在只通过其衍生物运作,已经将其全部的贯注能量转移给了它们,要么它本身也仍然存在。如果它的命运是在设计其衍生产品时耗尽自己的精力,那么还有第三种可能性。在神经症的过程中,它可能因退行而重新活跃起来,尽管现在可能已经过时了。这些都不是多余的推测。关于精神生活,有很多事情,包括正常的和病态的,似乎都需要提出这样的问题。在我的论文 *The Dissolution of the Oedipus Complex* (1924d) 中,我有机会注意到单纯的潜抑和真正消除一种旧的愿望冲动之间的区别。

❷ 参考关于两性解剖差异的结果的论文的后半部分(1925j)。

IX

现在留给我们的是考虑症状的形成和焦虑的产生之间的关系。

在这个问题上，似乎有两种被广泛认可的观点。一个是焦虑本身就是神经症的症状。另一个是两者之间有着更为密切的关系。根据第二种观点，症状只是为了避免焦虑而形成的：它们束缚了精神能量，否则就会以焦虑的形式释放出来。因此，焦虑将是神经症的基本现象和主要问题。

后一种观点至少在一定程度上是正确的，这一点从一些引人注目的例子中可以看出。如果一个广场恐惧症患者被带到街上，独自留在那里，他会出现焦虑发作。或者，如果一个强迫性神经症患者在接触了某种东西后无法洗手，他将成为几乎无法忍受的焦虑的牺牲品。那么，很明显，在街上陪伴的强制条件和洗手的强迫症行为的目的和结果是为了避免这种焦虑的爆发。在这个意义上，自我强加给自己的每一种抑制都可以称为症状。

既然我们已经将焦虑的产生追溯到危险情境，我们更愿意说，症状的产生是为了将自我从危险情境中移除。如果症状无法形成，那么危险事实上会发生；也就是说，建立了一种类似于出生的情况，在这种情况下，自我面对不断增加的本能需求是无助的，这是焦虑的最早和最初的决定因素。因此，在我们看来，焦虑和症状之间的关系并没有想象中的那么密切，因为我们已经在它们之间插入了危险情境的因素。我们还可以补充一点，焦虑的产生会导致症状的形成，这的确是症状形成的一个必要前提。因为如果自我没有通过产生焦虑而引发快乐-不快乐机制，它将无法获得权利以阻止在本我中准备并产生威胁危险的过程。在所有这一切中，有一种明显的倾向，即将所产生的焦虑的数量限制在最低限度，并仅将其用作信号；因为如果不这样做，只会导致在另一个地方感受到本能过程可能产生的不愉快，从快乐原则的角度来看，这是不成功的，尽管这在神经症患者中经常发生。

因此，症状的形成事实上确实结束了危险情境。它有两个方面：一个是隐藏在视野之外，导致本我的改变，从而使自我脱离危险；另一个是公开展示了在受影响的本能过程中所创造的东西，即替代形成。

然而，更正确的做法是将我们刚才所说的症状形成归因于防御过程，并使用后一术语作为替代形成的同义词。很明显，自我防御过程类似于逃避，通过逃避，自我将自己从威胁它的外部危险中解脱出来。防御过程是逃离本能危险的尝试。对这一比较中的弱点进行检查将使事情更清楚。

一种反对意见是，客体丧失（或客体爱的丧失）和阉割的威胁，是来自外部的危险，就像我们说的，如同凶猛的动物一样，它们不是本能的危险。然而，这两种情况并不相同。狼可能会攻击我们，而不管我们对它的行为；但是，如果我们没有在内心中接受某些情感和意图，被爱的人不会停止爱我们，我们也不应该受到阉割的威胁。因此，这种本能冲动是外部危险的决定因素，因此本身就变得危险；我们现在可以通过对内部的危险采取措施来对抗外部的危险。在动物恐惧症中，危险似乎仍然被完全视为一种外部的危险，就像它在症状中经历了外部的置换一样。在强迫性神经症患者中，危险更加内在化。构成社会焦虑的超我焦虑部分仍然代表着外部危险的内在替代，而另一部分道德焦虑已经完全是内在心理的。❶

另一种反对意见是，在试图逃离迫在眉睫的外部危险时，受试者所做的一切都是增加自己与威胁他的事物之间的距离。他并没有准备好为自己辩护，也没有试图改变任何事情，就像他用棍子袭击狼或用枪向狼射击一样。但防御过程似乎比试图逃跑更有效。它将问题和威胁性的本能过程联系在一起，以某种方式压制它或使它偏离其目标，从而使它变得无害。这一反对意见似乎无懈可击，必须给予应有的重视。我认为，很可能有一些防御过程真的可以比作逃跑的尝试，而在另一些过程中，自我采取了更积

---

❶ 目前的大部分讨论都是对 Freud 在他的元心理学论文 *Repression*（1915）和《论潜意识》（1915）中使用的论点的重新评估，特别是标准版。

极的自我保护路线，并采取了有力的应对措施。但也许防御和逃跑之间的所有类比都是无效的，因为本我中的自我和本能都是同一组织的一部分，而不是像狼和孩子这样的独立实体，所以自我的任何行为都会导致本能过程的改变。

这项关于焦虑决定因素的研究表明，自我的防御行为在理性的视角下发生了改变。每一种危险情境都与生命的某一特定时期或精神器官的某一发育阶段相对应，并且似乎是合理的。在婴儿早期，个体确实没有能力从心理上掌握来自外部或内部的大量兴奋。同样，在生命的某个时期，他最重要的兴趣是，他所依赖的人不应该放弃对他的关爱。在童年后期，当他觉得父亲是母亲强有力的竞争者，并意识到自己对父亲的攻击性倾向和对母亲的性意图时，他确实有理由害怕父亲；他对被父亲惩罚的恐惧可以通过被阉割的恐惧在系统发育的强化中得到表达。最后，当他进入社会关系时，他真的有必要害怕自己的超我，从而拥有良心；如果没有这一因素，就会引发严重的冲突和危险等。

但最后一点提出了一个新的问题。让我们暂时不考虑焦虑的情绪，而考虑另一种情绪，比如痛苦。这似乎非常正常，四岁时，如果洋娃娃坏了，女孩会痛苦地哭泣；六岁时，如果她的家庭教师责备她；或者在十六岁时，如果她受到年轻男子的轻视；或者在二十五岁时，如果她自己的孩子死了。每一个决定痛苦的因素都有自己的时间，当时间结束时，每一个因素都会消失。只有最终和决定性的因素贯穿一生。我们应该觉得奇怪的是，如果这个女孩在长大成为妻子和母亲之后，为一些被损坏的毫无价值的小饰品而哭泣。然而，这就是神经质的表现。尽管所有掌控刺激的机构很久以前都在他的精神器官中得到了广泛发展，尽管他已经足够成熟，可以满足他对自己的大部分需求，并且很久以前就知道阉割不再是一种惩罚，但他仍然表现得好像旧的危险情境仍然存在，并掌握了焦虑的所有更重要的决定因素。

为什么会这样，这需要一个相当长的答复。首先，我们必须筛选事实。在很多情况下，在产生了神经质的反应之后，焦虑的旧的决定因素确实失效了。很小孩子的恐惧、对独处或在黑暗中或与陌生人在一起的恐惧（几乎可以称为正常的恐惧）通常会在以后消失；正如我们所说的，孩子"自己长大"。如此频繁发生的动物恐惧症也经历着同样的命运，许多早年的转换型癔症在以后的生活中没有延续。仪式性行为在潜伏期极为常见，但只有极少数的仪式性行为后来发展成完全的强迫性神经症。总的来说，就我们观察到的生活在较高文化水平下的城镇儿童的情况来看，童年时期的神经症是儿童发育过程中的规律性事件，尽管人们对它们的关注仍然太少。所有成年神经症患者都可以毫无例外地发现儿童神经症的症状；但并不是所有表现出这些迹象的孩子在以后的生活中都会变得神经质。因此，随着个体变得更加成熟，焦虑的某些决定因素一定会被放弃，某些危险情境也会失去意义。此外，这些危险情境中的一些通过改变焦虑的决定因素，以使其与时俱进，从而得以继续生存。因此，例如，一个男人可能会以梅毒恐惧症的名义保留他对阉割的恐惧，因为他已经知道，由于放纵性欲而被阉割已经不再是一种习俗，但另一方面，严重的疾病可能会降临于任何屈服于本能的人。焦虑的其他决定因素，如对超我的恐惧，注定不会消失，而是伴随着人们的一生。在这种情况下，神经质者与正常人的不同之处在于，他对危险的反应会过于强烈。最后，成年并不能绝对保护自己不受最初创伤焦虑状况的影响。每个人都可能有一个极限，超过这个极限，他的大脑就无法控制需要处理的兴奋量。

这些微小的修正无论如何都不能改变这里正在讨论的事实，即许多人应对危险的行为仍然幼稚，没有克服已经过时的焦虑决定因素。否认这一点就等于否认神经症的存在，因为我们称之为神经质的正是这样的人。但这怎么可能呢？为什么不是所有的神经症发作都在个体的发展过程中，当到达下一个阶段时就结束了呢？在这些对危险的反应中，坚持的因素是什么？为什么焦虑的情绪似乎比其他所有的情绪更具优势，并唤起与其他反应不同的异常反应，并且由于它们的不适当，与生命的运动背道而驰？换言之，我们又一次意识到了我们经常遇到的谜题：神经症从何而来？它的终极原因是什么？经过几十年的心理分析工作，我们对这个问题的了解和开始时一样多。

X

焦虑是对危险的反应。毕竟，人们不禁怀疑，焦虑情绪在心理经济中占据独特地位的原因与危险的本质有关。然而，危险是人类的共同命运，每个人都一样。我们需要而不能触及的某些因素将解释为什么有些人能够将焦虑的情绪（尽管焦虑具有特殊的性质）置于大脑的正常运作之下，或者决定谁注定会因这项任务而悲伤。人们曾两次尝试试图找到这种因素，这样的努力自然会受到同情，因为它们有望帮助满足痛苦的需求。这两种尝试是相辅相成的，它们从相反的角度处理这个问题。第一个是 Alfred Adler 在十多年前提出的❶。他的论点，从本质上讲，就是那些因危险而感到悲伤的人，是那些因某种内在自卑而受到极大阻碍的人。如果"简单是真理的标志"❷ 是真的，我们应该欢迎这样一个解决方案作为一种解脱。但恰恰相反，我们过去十年的批判性研究有效地证明了这种解释的不充分，此外它把精神分析所揭示的所有物质财富都抛开了。

第二次尝试是 Otto Rank 于 1923 年在他的著作《出生创伤》中做出的。除了与我们有关的这一点，将他的尝试与 Adler 的尝试放在同一水平上是不公正的，因为它仍然是基于精神分析，并奉行精神分析的思想，因此，这可能被认为是解决分析问题的合理努力。在个人与危险的关系这一问题上，Rank 远离了个人的有机生命缺陷问题，而是集中于危险的不同程度。出生过程是第一种危险情境，它所产生的经济动荡成为焦虑反应的原型。我们追溯了将这第一种危险情境和焦虑的决定因素与所有后来的危险情境连接的发展路线。我们已经看到，它们都保持着一种共同的品质，因为它们在某种意义上意味着最初只在生物学意义上与母亲分离，然后是直接失去客体，后来又间接失去客体。这种广泛连接的发现无疑是 Rank 构造的一个优点。现在，出生的创伤以不同程度的强度压倒了每个人，他的焦虑反应的剧烈程度随着创伤的强度而变化；根据 Rank 的说法，正是最初在他身上产生的焦

---

❶ 参考：Adler，1907.

❷ I. e., simplicity is the seal of truth.

虑程度决定了他是否会学会控制焦虑，无论他会变得神经质还是正常。

我们不应该在这里苛刻地批评 Rank 的假设。我们只需要考虑它是否有助于解决我们的特定问题。从理论角度来看，他的公式是，那些出生时的创伤如此强烈，以至于从未能够完全发泄出来的人会变得神经质，这是非常有争议的。我们不知道发泄创伤是什么意思。从字面上看，这意味着一个神经质的人越频繁、越强烈地再现焦虑情绪，他就越接近心理健康，这是一个站不住脚的结论。正是因为这与事实不符，我才放弃了在宣泄方法中发挥如此重要作用的发泄理论。如此强调出生创伤强度的可变性，是不允许将遗传性体质作为病因的合理主张。因为这种可变性是一种有机因素，与体质有关，它以偶然的方式运行，它本身取决于许多可能被称为偶然的影响，例如，Rank 的理论完全忽略了体质因素和系统发育因素。然而，如果我们试图通过限制他的陈述来为体质因素找到一个位置，我认为真正重要的是个体对出生创伤的变化程度的反应，我们应该剥夺他的理论的意义，并且应该将他引入的新因素降到一个次要的位置：决定神经症是否应该发生的因素将取决于另一个不同的领域，并且再次处于一个未知的领域。

此外，尽管人类与其他哺乳动物有着同样的出生过程，但他自己却拥有对神经症具有特殊倾向的特权，这一事实很难支持 Rank 的理论。对它的主要反对意见是，它是飘浮在空中的，而不是基于确定的观察结果。没有任何证据表明，分娩困难和产程延长事实上与神经症的发展相吻合，甚至如此出生的儿童比其他儿童表现出更强烈和更长时间的幼儿恐惧现象。人们可能会再次认为，对母亲来说相对容易的引产和分娩可能会给孩子带来严重的创伤。但是，我们仍然可以指出，导致窒息的出生必然会为应该出现的结果提供明确的证据。Rank 的病因理论的优点之一是，它假定了一个可以通过观察来验证其存在的因素。而且，只要没有进行这种验证尝试，就不可能评估该理论的价值。

另一方面，我无法认同 Rank 的理论与迄今为止精神分析所认识到的性本能的病因重要性相矛盾的观点。因为他的理论只涉及个人与危险情境的关系，因此我们完全可以假设，如果一个人不能掌控自己的第一次危险，他必然会在以后涉及性危险的情况下陷入悲伤，从而患上神经症。

因此，我不相信 Rank 的尝试解决了神经症的病因问题；我也不认为我们到目前为止还能说它对解决这一问题有多大的贡献。如果调查分娩困难对神经症倾向的作用，得出的结果是否定的，那么我们将把他贡献的价值评为低。令人担忧的是，我们要找到神经症单一、具体的"最终病因"，这一需求将无法得到满足。毫无疑问，医学工作者仍然向往的理想解决方案是发现一些芽孢杆菌，这种芽孢杆菌可以在纯培养中分离和繁殖，当注射到任何人身上时，都会产生同样的疾病；或者，更不夸张地说，证明某些化学物质的存在，这些物质的使用会导致或治愈特定的神经症。但这种解决方案的可能性似乎很小。

精神分析得出的结论不那么简单和令人满意。我在这方面要说的话早已耳熟能详，我没有什么新的补充。如果自我成功地保护自己不受危险的本能冲动的影响，例如，通过潜抑的过程，它肯定抑制并损害了相关本我的特定部分；但它同时给予了它一些独立性，并放弃了自己的一些主权。这是不可避免的，从本质上讲，这是一种逃离的企图。被潜抑者，现在就像过去一样，是一个亡命之徒；它被排除在自我的大组织之外，只服从支配无意识领域的法则。如果现在，危险情境发生了变化，以至于自我没有理由抵挡类似于被潜抑的新的本能冲动，那么已经发生的自我限制的后果将变得明显。新的冲动将在自动影响下运行，或者，正如我更愿意说的，在强迫重复的影响下运行。它将遵循与先前被潜抑的冲动相同的道路，仿佛已经克服的危险局势仍然存在。那么，潜抑中的固定因素是无意识本我的强迫性重复——这种强迫在正常情况下只能通过自我的自由移动功能来消除。自我有时可能会设法打破自己所设置的潜抑障碍，恢复对本能冲动的影响，并根据改变的危险情境指导新冲动的进程。但事实上，自我很少能成功做到这一点：它无法消除潜抑。斗争的方式可能取决于数量关系。在某些情况下，人们的印象是结果是强制的：被潜抑的冲动所产生的退行吸引力和潜抑的力量是如此之大，以至于新的冲动别无选择，只能服从重复的强迫。在其他情况下，我们感觉到另一种力量的作用：被潜抑的原型所施加的吸引力被来自现实生活中困难方向的排斥所加强，而现实生活中的困难阻碍了新的本能冲动可能采取的任何不同路线。

这是一个对不再是当下的危险情境的潜抑和保留的固化的正确描述，这一点得到了分析性治疗事实的证实——这一事实本身就足够温和，但从理论角度来看，这一事实很难被高估。在分析中，当我们给予自我帮助，使其能够解除压抑时，它就会恢复对被潜抑本我的力量，并允许本能冲动继续前进，仿佛旧的危险情境已经不复存在。我们以这种方式所能做的与其他医学领域所能做到的是一致的；因为作为一项规则，我们的治疗必须满足于更快、更可靠和更少的能量消耗，而不是其他方式。在有利的情况下，良好的结果本身就会发生。

我们从已经说过的话中看到，无法直接观察到但只能推断出的数量关系决定了旧的危险情境是否应该被保留、自我的潜抑是否被维持、童年的神经症是否得以延续。在导致神经症的因素中，有三个因素脱颖而出：一个是生物学因素，一个是系统发育因素，另一个是纯粹的心理因素。

生物学因素是指人类物种的幼崽在很长一段时间内处于无助和依赖的状态。与大多数动物相比，它在子宫内的生存时间似乎很短，它以一种不太成熟的状态被送入世界。结果，真实外部世界对它的影响被强化，自我和本我之间的早期分化被促进。此外，外部世界的危险对它来说更为重要，因此，能够单独保护它免受危险并取代它以前子宫内生活的客体的价值大大提高。因此，生物学因素确立了最早的危险情境，并创造了爱的需要，这将伴随孩子度过余生。

第二个系统发育因素的存在仅仅是基于推论。我们被引导去假设它的存在是因为力比多发展过程中的一个显著特征。我们发现，人类的性生活与大多数与他有密切关系的动物的性生活不同，从出生到成熟并没有稳定的进展，而是在早期的繁盛期，直到第五年之后，经历了一个非常确定的中断；然后，它在青春期又开始了它的历程，再次开始了童年早期中断的开端。这使我们认为，在人类物种❶的变迁中一定发生了一些重大的事情，而这些事情导致了个体性发展的中断，成为一种历史沉淀。这一因素之所以具有致病性，是因为这种幼稚的性行为的大多数本能要求被自我视为危险并加以保护，因此，青春期后期的性冲动，在自然过程中会是自我和谐的，有可能屈服于婴儿原型的吸引力，并跟随它们进入压抑状态。正是在这里，我们找到

---

❶ 在《自我与本我》(1923b) 的第三章中，Freud 明确表示他心目中的地质冰川期。Ferenczi (1913) 早前就提出了这个观点。

了神经症最直接的病因。奇怪的是，早期接触性需求会对自我产生类似于过早接触外部世界所产生的影响。

第三个是心理因素，它存在于我们精神装置的缺陷中，这与它分化为本我和自我有关，因此也最终归因于外部世界的影响。鉴于（外在）现实的危险，自我有义务防范本我的某些本能冲动，并将其视为危险。但它不能像保护自己不受某个不属于自己的现实影响一样，有效地保护自己免受内在的本能危险。它与本我紧密相连，它只能通过限制自己的组织和默许症状的形成来抵御本能的危险。如果被拒绝的本能再次发起攻击，那么自我就会被我们所知的神经性疾病所超越。

除此之外，我相信，我们对神经症的性质和原因还未了解。

XI　附录

在讨论过程中，各种主题在得到充分处理之前都不得不被放在一边。我在本章中将它们放在一起，以便它们能够得到应有的关注。

A. 早期观点的修正

（a）阻抗和反贯注

潜抑理论中的一个重要因素是，潜抑不是一次发生的事件，而是需要永久性的能量消耗。如果这一支出停止，一直从其源头得到滋养并被潜抑的冲动，在下一次会沿着它被迫离开的渠道流动，而这种潜抑要么无法达到目的，要么必须无限次重复。❶ 因此，正是因为本能本质上是连续的，自我必须通过永久性的消耗（能量）来确保其防御行动的安全。为保护潜抑而采取的这一行动在分析治疗中作为阻抗可以观察到。阻抗的前提是我所说的反贯注的存在。在强迫性神经症患者身上可以明显地看到这种反贯注。它以自我改变的形式出现在那里，作为自我中的一种反向形成，并受到与必须潜抑

---

❶ 参考论文 *Repression*（1915d，*Standard Ed.*，14，151）。

的本能倾向相反的态度的强化影响，例如怜悯、尽责和清洁。强迫性神经症的这些反向形成本质上是对潜伏期内形成的正常性格特征的夸大。在癔症中，这种反贯注更难察觉，尽管理论上它同样存在。同样，在癔症中，通过反向形成对自我的一定程度的改变是无误的，在某些情况下，它变得如此明显，以至于它迫使我们将注意力放在主要症状上。例如，矛盾心理导致的冲突通过这种方式在癔症中得到解决。受试者对他所爱的人的仇恨被夸大的对他的温柔和对他的恐惧所抑制。但是，强迫性神经症和癔症的反向形成之间的区别在于，在后者中，他们没有性格特征的普遍性，而是局限于特定的关系。例如，一个癔症的女人可能会对自己的孩子特别深情，而她实质上讨厌他们；但她不会因此而比其他女人更充满爱，或者更爱其他孩子。癔症的反向形成顽强地依附于某个特定的客体，从不扩散到自我的一般性格中，而强迫性神经症的特征恰恰是这种类型的扩散——与客体的关系松散，在选择客体时容易发生置换。

然而，还有另一种反贯注，似乎更适合癔症的特殊特征。一种被潜抑的本能冲动可以从两个方向被激活（新发现）：从内部，通过其内部兴奋源的强化；从外部，通过对其所渴望的客体的感知。癔症的反贯注主要指向外在，是针对危险的觉知。它采取一种特殊的警觉形式，通过自我的限制，避免出现会引起这种感觉的情况，或者，如果确实发生了这种情况，设法将主体的注意力从它们身上移开。一些法国分析家，特别是 Laforgue（1926），最近给这种癔症的行为起了一个特殊的名字，叫做"盲点化"❶，这种反贯注的技术在恐惧症患者中更为明显，他们的兴趣集中在将受试者从害怕发生的可能性中进一步移除。事实上，反贯注在癔症和恐惧症中的方向与它在强迫性神经症中的方向相反，尽管这种区别不是绝对的，但似乎意义重大。这表明，一方面潜抑与外部反贯注之间、另一方面退行与内部反贯注（即通过反向形成改变自我）之间存在紧密联系。顺便说一句，防御危险的感知是所有神经症患者的共同任务。强迫性神经症患者的各种命令和禁令都有相同的目的。

我们在之前的一个场合❷中表明，在分析中必须克服的阻抗来自自我，

---

❶ Freud 在他后来的论文 *Fetishism*（1927e）中与否定（*Verleugnung*）概念联系在一起，详细地讨论了这个术语。

❷ 《自我与本我》（1923b）第一章的末尾。

它紧紧抓住自己的反贯注。自我很难将注意力集中在它迄今为止所制定的一条规则中,或者承认属于自己的冲动与自己所认为的自己的冲动完全相反。我们在分析中反对阻抗的斗争是基于这种对事实的看法。如果阻抗本身是无意识的,正如由于它与被潜抑的物质的联系而经常发生的那样,我们使它有意识。如果它是有意识的,或者当它变得有意识时,我们提出反对它的逻辑论点;如果自我会放弃阻抗,我们会向它承诺奖励和好处。自我存在这种阻抗是毫无疑问或错误的。但我们必须问自己,它是否涵盖了分析中的整个状态。因为我们发现,即使在自我决定放弃阻抗之后,它仍然难以消除潜抑;我们将其值得赞扬的决定之后的艰苦努力时期称为"修通"阶段❶。使这种工作变得必要和可理解的动态因素是不难找到的。在自我阻抗被消除之后,强迫重复的力量——无意识原型在被潜抑的本能过程中所产生的吸引力,还有待克服。没有什么可以反对将这一因素描述为无意识的阻抗。没有必要对这些修订感到气馁。如果它们为我们的知识增添了一些东西,就会受到欢迎。只要它们通过限制一些过于笼统的陈述或拓展一些过于狭隘的想法,是丰富而不是使我们以前的观点无效,它们就不会给我们带来羞耻。

不能认为这些修正为我们提供了分析中遇到的各种阻抗的完整调查。对这一主题的进一步调查表明,分析师必须对抗至少五种来自自我、本我和超我三个方向的阻抗。自我是其中三个的来源,每一个都有不同的动力性性质。这三种自我阻抗中的第一种是潜抑阻抗,我们已经在上面讨论过了,关于这一点,没有什么新的东西可以补充。其次是移情阻抗,它具有相同的性质,但在分析中具有不同的、更清晰的效果,因为它成功地建立了与分析情境或分析师本人的关系,从而重新激活了只应被回忆的潜抑❷。它来自疾病带来的获益,并基于自我对症状的同化。这表示自我不愿意放弃已获得的任何满足或缓解。第四种阻抗源自本我,是正如我们刚刚看到的阻抗,它需要"修通"。第五种,来自超我,也是最后一个被发现的,也是最晦涩的,但并不总是最不强大的。它似乎源于犯罪感或惩罚的需要;它反对走向成功的

---

❶ 参考 *Remembering, Repeating and Working-Through* (1914g, *Standard Ed.*, 12, 155-6)。Freud 在他最近的技术性论文《可终结与不可终结的分析》(1937c) 的第五节中又回到了这个话题。

❷ 参考 *Remembering, Repeating and Working-Through* (1914g, *Standard Ed.*, 12, 151ff)。

每一步，包括通过分析患者获得自身的康复。❶

（b）利比多转型的焦虑

我在这几页中提出的焦虑观点与我迄今认为正确的观点有些不同。以前我认为焦虑是自我在不愉快的情况下的一般反应。我总是试图从经济的角度为它的出现辩护❷，根据对"实际"神经症的调查，假设被自我拒绝或不利用的力比多（性兴奋）以焦虑的形式直接释放。不能否认的是，这些不同的断言并没有很好地结合在一起，或者至少不一定相互遵循。此外，它们给人的印象是焦虑和力比多之间有着特别密切的联系，这与焦虑作为对不愉快的反应的一般特征不符。

对这一观点的反对源于我们开始将自我视为焦虑的唯一根源。这是我在《自我与本我》中试图对精神装置进行结构性划分的结果之一。尽管旧观点让人很自然地认为，焦虑源于力比多，属于被潜抑的本能冲动，而新的观点则相反，认为自我是焦虑的根源。这是一个本能（本我）焦虑或自我焦虑的问题。由于自我所使用的能量是无性的，新观点也倾向于削弱焦虑和力比多之间的紧密联系。我希望我至少已经成功地把矛盾说清楚了，并清楚地说明了问题所在。

Rank 的论点最初是我自己的论点❸，即焦虑的情感是出生事件的结果，是当时经历的情境的重复，迫使我再次审视焦虑问题。但我无法在他的观点上取得进展，即出生是一种创伤，焦虑状态是对出生创伤的释放反应，而焦虑的所有后续影响都是试图越来越彻底地"发泄"焦虑。我不得不从焦虑反应中回到背后的危险境地。这一因素的引入开辟了问题的新方面。出生被认为是所有后来的危险情境的原型，这些危险情境在生活方式改变和心理不断发展的新条件下超越了个体承受能力。另一方面，出生本身的重要性被降低为与危险原型的关系。出生时感到的焦虑成为情感状态的原型，这种情感状态必须经历与其他情感相同的变化。要么焦虑状态在类似于原始情境的

---

❶ 这一点在《自我与本我》第五章的前面部分讨论过。

❷ "Ökonomisch"，这个词只出现在第一版（1926）中。毫无疑问，这是偶然的，在后来的所有作品中这个词都被省略了。

❸ 见编者导论相关内容。

情况下自动再现，因此是一种不合适的反应形式，而不是像在第一次危险情境下那样的权宜状态；或者自我获得了驾驭这种情感的力量，主动地重新产生了这种情感，并将其用作危险的警告，以及启动快乐-不快乐机制的手段。因此，我们认识到焦虑是对危险情境的一般反应，从而赋予了焦虑情感生物学方面应有的重要性；而我们根据自我的需要，赋予其产生焦虑情感的功能，从而认可了自我作为焦虑所在地的作用。因此，我们将后来生活中的焦虑归因于两种来源。一种是非自愿的、自动的，并且总是出于经济理由，每当类似于出生的危险情境发生时，就会出现这种情况。另一种是自我在这种情况威胁发生时产生的，目的是避免这种情况的发生。在第二种情况下，自我将自己置于焦虑中，作为一种预防接种，为了逃避疾病的全部力量，而接受其轻微攻击。自我生动地想象了当时的危险情境，其明确的目的是将这种痛苦的经历限制为一种暗示、一种信号。我们已经详细地看到了各种危险情境是如何一个接一个出现的，同时又保留了遗传联系。

当我们转向神经症性焦虑和现实焦虑之间的关系问题时，我们或许可以在对焦虑的理解上再进一步一点。

我们现在对以前提出的力比多直接转化为焦虑的假设，不那么感兴趣了。但如果仍然考虑它，我们将不得不区分不同的情况。至于自我引发的焦虑作为一种信号，没有被考虑在内；因此，在任何一种危险情境下，自我都不会受到潜抑。被潜抑的本能冲动的力比多贯注并不是被用来转化为焦虑并释放出来，而这在转换型癔症中最为明显。另一方面，对危险情境的进一步调查将使我们注意到一个产生焦虑的例子，我认为，这将不得不以不同的方式加以解释。

（c）潜抑和防御

在讨论焦虑问题的过程中，我重新提出了一个概念，或者，更谦虚地说，是一个术语。三十年前，我第一次开始研究这个主题时，专门使用了这个术语，但后来放弃了。我指的是"防御过程"一词[1]。后来，它被"潜抑"一词取代，但两者之间的关系仍然不确定。我认为，回到"防御"的

---

[1] 参考：*The Neuro-Psychoses of Defence*（1894a）。见附录 A。

旧概念无疑是一个优势，前提是我们明确地将其作为自我在冲突中使用的所有技术的统称，这些技术可能会导致神经症，而我们保留了"潜抑"一词作为特殊的防御方法，这是我们的研究取向，是我们一开始就熟悉的方法。

即使是纯粹的术语创新也应该证明采用它是合理的，它应该反映一些新的观点或知识的扩展。防御概念的复兴和潜抑概念的限制考虑到了一个早已为人所知的事实，但由于一些新的发现，这一事实变得更加重要。我们对潜抑和症状形成的第一次观察与癔症有关。我们发现，令人兴奋的经历的感知内容和思维的病理性结构的概念内容被遗忘，并被禁止在记忆中再现，因此我们得出结论，远离意识是癔症性潜抑的主要特征。后来，当我们研究强迫性神经症时，我们发现在这种疾病中，致病性事件并没有被遗忘。它们仍然有意识，但在某种程度上被"隔离"了，我们还无法捕捉到，因此获得了与癔症性健忘大致相同的结果。然而，这种差异足以证明这样一种信念，即在强迫性神经症中，本能需求被搁置一边的过程不可能与癔症中的过程相同。进一步的研究表明，在强迫性神经症中，本能冲动向早期性欲阶段的退行是通过自我的反对引起的，这种退行虽然没有使潜抑变得不必要，但显然与潜抑有着相同的意义。我们也看到，在强迫性神经症中，也可能存在于癔症中，反贯注通过对自我进行反应性改变，在保护自我方面发挥着特别重要的作用。我们的注意力更多地被吸引到了"隔离"的过程（其技术尚未阐明），并发现其直接的症状表现，以及"撤销"已经做过的事情的神奇过程——这个过程的防御目的是毫无疑问的，但它不再与"潜抑"过程有任何相似之处。这些观察为重新引入旧的防御概念提供了足够的依据，防御概念可以涵盖所有这些具有相同目的的过程，即保护自我免受本能需求的影响，并将潜抑作为一种特殊情况纳入其中。如果我们考虑到这样一种可能性，即进一步的调查可能表明，在特殊形式的防御和特殊疾病之间，例如在潜抑和癔症之间，存在着密切的联系，那么这个命名法就更加重要了。此外，我们可能期待着发现另一个重要的相关性。很可能，在它被尖锐地分裂为自我和本我之前，在超我形成之前，精神装置使用的防御方法与它在达到这些组织阶段之后使用的方法不同。

B. 关于焦虑的补充意见

焦虑情感表现出一两个特征，对这些特征的研究有望进一步阐明这一主题。焦虑（Angst）与期望有着明确的关系：它是对某事的焦虑❶。它具有不确定性和缺乏客体的特点。在精确的语言中，如果找到了客体，我们会使用"恐惧"（Furcht）一词，而不是"焦虑"（Angst）一词。此外，除了与危险的关系外，焦虑还与神经症有关，这是我们长期以来一直试图阐明的。问题来了：为什么不是所有的焦虑反应都是神经质的——为什么我们接受这么多正常的焦虑反应？最后，现实焦虑和神经症性焦虑之间的区别有待于彻底检验。

从最后一个问题开始。我们所取得的进步是，我们已经开始探究对危险情境的焦虑反应。如果我们对现实焦虑做同样的事情，我们将很容易解决这个问题。真正的危险是已知的危险，而现实焦虑是对这种已知危险的焦虑。神经症性焦虑是对未知危险的焦虑，因此神经症性危险是一种有待发现的危险。分析表明，这是一种本能的危险。通过将这种自我不知道的危险带入意识，分析师使神经症性焦虑与现实焦虑没有什么不同，从而可以用同样的方式来应对。

面对真正的危险有两种反应。一种是情感反应——焦虑的爆发；另一种是保护行动。本能的危险可能也是如此。我们知道这两种反应是如何以一种权宜之计进行合作的，其中一种反应为另一种反应的出现提供了信号。但我们也知道，他们可能会表现得不明智？可能由于焦虑而导致瘫痪，一种反应的传播会以另一种反应为代价。

在某些情况下，现实焦虑和神经症性焦虑的特征是混合在一起的。危

---

❶ 在德语中，词语"vor"的字面意思是"在……之前（before）"。参见《超越快乐原则》（1920g, Standard Ed., 18, 12f.）中第2章开头的类似讨论，以及 Introductory Lectures 的第25讲。在翻译中，不可能把德语的"Angst"一律翻译为"焦虑（anxiety）"。在本卷和整个标准版中，这个词有时被翻译成"恐惧（fear）"或者包含"害怕（afraid）"的短语，在英语用法中需要该区分，并且似乎不太可能混淆。关于这一点的一些评论可在第一卷的总论中找到。

险是已知的和真实的，但与之相关的焦虑是过度的，比我们认为的更严重。正是这种过度的焦虑暴露了神经症性元素的存在。然而，这种情况没有引入新的原则，因为分析表明，对于已知的真实危险之上，附加了未知的本能危险。

如果我们不满足于将焦虑追溯到危险，继续询问危险情境的本质和意义是什么，我们可以了解关于这一点的更多信息。显然，它包括受试者（与危险的程度相比）对自己力量的估计，以及他承认面对危险时的无助——如果危险是真实的，那就是身体上的无助，如果危险是本能的，那是心理上的无助。在这样做的过程中，他将以自己的实际经历为指导。（他的估计是否错误对结果无关紧要。）让我们把这种实际经历过的无助情境称为创伤情境。然后，我们将有充分的理由区分创伤情境和危险情境。

如果一个人能够预见并预期这种导致无助的创伤情境，而不是简单地等待它的发生，那么他在自我保护能力方面就会取得重大进步。让我们将包含这种预期的起决定因素的情境称为危险情境。正是在这种情况下，焦虑的信号才被发出。信号宣布："我预计会出现一种无助的情况。"或者"现在的情况让我想起了我以前的一次创伤经历。因此，我会预料到创伤，表现得好像它已经到来了，但还有时间把它放在一边。"因此，焦虑一方面是对创伤的期望，另一方面是以减轻的形式重复创伤。因此，我们注意到焦虑的两个特征有不同的起源。它与创伤期望的联系属于危险情境，而它的不确定性和客体缺乏属于无助的创伤情境——在危险情境中预期的情境。

按照这个顺序：焦虑—危险—无助（创伤），我们现在可以总结刚才说过的话。危险情境是一种公认的、记忆中的、预期的无助情境。焦虑是创伤中对无助的最初反应，后来在危险情境下作为求助信号被再现。被动地经历创伤的自我，现在以一种弱化的形式积极地重复它，希望自己能够指引自己的方向。可以肯定的是，孩子们通过在游戏中再现他们收到的每一个痛苦印象，都会以这种方式表现出来。在从被动变为主动的过程中，他们试图从心理上掌握自己的经验。❶ 如果这就是"宣泄创伤"的意思，我们就再也没有什么可以反对这个短语了。但是，具有决定性重要意义的是，焦虑反应首先要从它在无助情境中的起源转移到对那种情境的预期，也就是说，转移到危险情境中。在此之后是后来的置换，从危险到危险的决定因素——客体的丧失和我们已经认识的这种丧失的修正。

"宠坏"一个小孩的不良结果是，与其他所有危险相比，客体丧失的危险（客体是对任何无助情境的保护）的重要性被放大了。因此，它鼓励个体保持童年状态。童年是以运动无助和心理无助为特征的人生时期。

到目前为止，我们还没有机会从不同的角度来看待现实焦虑和神经症性焦虑。我们知道它们的区别是什么。真正的危险是一种来自外部事物的威胁，神经症性危险是一种来自本能要求的威胁。只要本能的要求是真实的，他的神经症性焦虑也可以被承认是有现实基础的。我们已经看到，焦虑和神经症之间似乎有着特别密切的联系，原因是自我在焦虑反应的帮助下保护自己免受本能的危险，就像保护自己免受外部真正的危险一样，但由于精神装置的不完善，这种防御活动最终会导致神经症。我们还得出结论，本能的需求往往只会成为（内部）危险，因为它的满足会带来外部危险，也就是说，内部危险代表外部危险。

另一方面，如果外部（真实的）危险对自我有意义，那么它也必须设法内化。人们一定已经认识到这与所经历的某种无助的情境有关。❷ 人似乎没有被赋予，或者在很小程度上被赋予认识来自外部威胁的本能。小孩子不断地做着危及他们生命的事情，这正是他们不能没有保护性客体的原因。在主体无助的创伤情境中，外部和内部的危险、真实的危险和本能的要求交织在一起。无论自我是承受着无法停止的痛苦，还是经历着无法获得满足的本能需求的积累，经济情况都是一样的，自我的运动无助在心理无助中得到了

---

❶ 参考《超越快乐原则》(1920g, Standard Ed., 18, 16-17)。

❷ 可能经常发生这样的情况：虽然对危险情境本身的估计是正确的，但在现实焦虑之外，又增加了一定数量的本能焦虑。在这种情况下，自我在本能需求满足之前的退缩是一种受虐性需求：一种针对主体自身的毁灭本能。也许这类补充解释了焦虑反应被夸大、不恰当或瘫痪的情况。恐高症（窗户、高塔、悬崖等）可能有这样的起源。它们隐藏的女性意义与受虐狂密切相关［参考：*Dreams and Telepathy* (1922a, Standard Ed., 18, 213)］。

表达。

在这方面，童年早期令人困惑的恐惧症值得再次提及。我们已经能够将其中一些解释为对客体丧失的危险的反应，比如对独处、在黑暗中或与陌生人在一起的恐惧。其他的，比如对小动物、雷雨的恐惧等，也许可以被认为是先天准备迎接真正危险的残余痕迹，而这种准备在其他动物身上发展得如此强烈。在人类身上，只有这部分古老的遗传是合适的，它与客体丧失有关。如果童年恐惧症变得固着，变得越来越强烈，并持续到晚年，分析表明，它们的内容已经与本能的需求联系在一起，并代表着内在的危险。

C. 焦虑、痛苦和哀悼

人们对情绪过程的心理学知之甚少，因此我即将对这个问题发表的初步评论可能需要一个非常宽容的判断。摆在我们面前的问题源于我们得出的结论，即焦虑是对客体丧失的危险的反应。现在我们已经知道了个体对客体丧失的一个反应，那就是哀悼。因此，问题是，这种丧失何时会导致焦虑、何时会导致哀悼？在前一次讨论哀悼的话题时，我发现其中有一个特点仍然无法解释。这是它特有的痛苦。❶ 然而，与客体分离应该是痛苦的，这似乎是不言而喻的。因此，问题变得更加复杂：什么时候与客体分离会产生焦虑，什么时候会产生哀悼，什么时候只会产生痛苦？

我立即可以说，目前还看不到回答这些问题的前景。我们必须满足于作出某些区分和推测某些可能性。

我们的出发点仍然是我们相信我们已经了解的一种情况——当一个婴儿和一个陌生人而不是他的母亲在一起时的情况。它（指婴儿）会表现出由于客体丧失的危险而产生的焦虑。但它的焦虑无疑比这更复杂，值得进行更深入的讨论。毫无疑问，它确实有焦虑，但是它的面部表情和哭泣的反应表明它也感到痛苦。某些东西似乎在其中结合在一起，而这些东西稍后会被分离

---

❶ 《哀伤与忧郁》（1917e, Standard Ed., 14, 244-5）。

出来。它还不能区分暂时缺席和永久丧失。它一看不见母亲，就表现得好像再也见不到母亲了；在它得知母亲消失之后通常会再次出现之前，反复安慰它的经历是必要的。它的母亲通过玩一个熟悉的游戏来鼓励它学习对它来说至关重要的知识，用手捂着脸，然后再次揭开双手，这让它很高兴。❶ 这种情况下，它可以像过去一样，在无人陪伴的绝望中感受渴望。

由于婴儿对事实的误解，失去母亲的情境不是一种危险的情境，而是一种创伤情境。或者，更准确地说，如果婴儿当时恰好感到有一种需要母亲来满足的需求，这就是一种创伤情境。如果当时没有这种需求，就会变成一种危险情境。因此，自我本身引入的焦虑的第一个决定因素是对客体的感知的丧失（等同于客体本身的丧失）。目前还不存在爱的丧失的问题。后来，经验告诉孩子，客体可以存在，但会对它感到愤怒；然后，客体爱的丧失会成为一种新的、更持久的危险和焦虑的决定因素。

失去母亲的创伤情境在一个重要方面与出生的创伤情境不同。出生时没有任何客体，因此不会失去任何客体。焦虑是唯一发生的反应。从那以后，反复出现的满足感将母亲创造为一个客体；每当婴儿感受到需求时，这个客体就会受到强烈的贯注，这种贯注可以被描述为"渴望"。痛苦的反应正是与事物的这个新方面有关。因此，痛苦是对客体丧失的实际反应，而焦虑是对这种丧失所带来的危险的反应，并且通过进一步的置换，成了对客体本身丧失的危险的反应。

我们对痛苦也知之甚少。我们唯一可以肯定的事实是，痛苦首先就会发生，而且是一种有规律的事情，当一个刺激冲击到外围，突破了抵御刺激的防护罩，继续像一个连续的本能刺激一样发挥作用时，通常能够把被刺激的地方从刺激中撤退出来的有效的肌肉动作，此时对这种刺激是无能为力的。❷ 如果疼痛不是来自皮肤的一部分，而是来自内脏，情况仍然是一样的。所发生的只是内脏感受的一部分取代了外周感受。孩子显然有机会经历这种痛苦体验，这种痛苦体验是独立于其需求的体验。无论如何，这种痛苦产生的决定因素似乎与客体的丧失几乎没有相似之处。

---

❶ 参考《超越快乐原则》（*Standard Ed.*，18，14-16）第二章中孩子游戏的描述。
❷ 参考《超越快乐原则》及 *Project*（Freud，1950a）第一部分第六节。

此外，对痛苦至关重要的因素，即外周刺激，在孩子对客体渴望的情况中是完全不存在的。然而，言语的普遍使用已创造出内在的、精神上的痛苦的概念，并将客体丧失的感觉等同于身体上的痛苦，这并非毫无意义。

当出现身体疼痛时，疼痛部位会发生高度的自恋性贯注。❶ 这种贯注会继续增加，并倾向于清空自我。❷ 众所周知，当内脏给我们带来疼痛时，我们会收到身体各部分的空间和其他表现信息，而这些信息通常在意识思维中根本没有表现出来，值得注意的事实是，当某些其他兴趣引起精神上的转移时，即使是最强烈的身体疼痛也不会出现（在这种情况下，我不能说"保持无意识"），这可以解释为，在身体疼痛部位的心理表征上有集中的贯注。我认为，正是在这里，我们将找到一个类比的点，它使我们有可能将痛苦的感觉带到精神领域。因为集中在错过或丧失的客体上的强烈的渴求贯注（一种因为无法安抚而不断上升的渴望）创造了与集中在身体受伤部分的疼痛贯注同样的经济状况。因此，引起身体疼痛的外周原因这一事实可以忽略不计。从身体疼痛到精神痛苦的转变对应着从自恋性贯注到客体贯注的转变。由本能需求高度贯注的客体表现与由刺激增加贯注的身体部分起着相同的作用。贯注过程的持续性和抑制它的不可能性产生了同样的心理无助状态。如果随后出现的不愉快感具有疼痛的特定特征（这种特征无法更准确地描述），而不是以焦虑的反应形式表现出来，我们可以合理地将其归因于一个我们在解释中没有充分利用的因素——当这些导致不愉快感的过程发生时，高水平的贯注和"连接"盛行。❸

我们知道对客体丧失还有另一种情绪反应，那就是哀悼。但我们解释它不再有任何困难。哀悼是在现实检验功能影响下发生的，因为现实检验功能明确要求失去亲人的人将自己与客体分开，因为客体已经不存在了。❹ 哀悼被赋予的任务，就是在所有高度贯注的情况下，实现这种对客体的撤退。

❶ 参考《论自恋》（1914c，Standard Ed., 14，82）。
❷ 参见《超越快乐原则》以及与 Fliess 通信中 G 稿第 6 部分（关于忧郁症）一段晦涩难懂的段落，可能可以追溯到 1895 年 1 月初（Freud, 1950a）。
❸ 参考《超越快乐原则》及 Project（Freud 1950a）第一部分第十二节。
❹ 《哀伤与忧郁》（1917e，Standard Ed., 14，244-5）。

这种分离应该是痛苦的，这与我们刚才所说的是一致的，因为丧亲之人在再现各种必须解除的与该客体的连接情况时，对该客体的渴求贯注是高度的且无法满足的。

附录 A "潜抑"和"防御"

弗洛伊德在第 163 页对他使用这两个术语的历史的描述可能有点误导，无论如何都值得扩充。这两个词都发生在布鲁尔（Breuer）时期。"潜抑（Verdrängung）"的第一次出现是在 *Preliminary Communication*（1893a, Standard Ed., 2, 10），"防御（Abwehr）"❶的第一次出现是在第一篇关于 *The Neuro-Psychoses of Defence*（1894a）的论文中。在 *Studies on Hysteria*（1895d）中，"潜抑"出现了大约十几次，"防御"出现得更频繁。然而，在术语的使用之间似乎有一些区别："潜抑"似乎描述了实际的过程，而"防御"则描述了其动机。然而，在 *Studies on Hysteria* 第一版的序言（Standard Ed., 2, XXIX）中，作者似乎已经理解了这两个概念，因为他们谈到了自己的观点，即"性似乎起着主要作用……"作为"防御"的动机，也就是说，从意识中潜抑思想。更明确地说，弗洛伊德在他关于 *The Neuro-Psychoses of Defence*（1896b）的第二篇论文的第一段中暗示了"防御"或"潜抑"的心理过程。

在布鲁尔时期之后，也就是从 1897 年开始，"防御"的使用频率有所下降。然而，它并没有完全被删除，而且被发现好几次，例如在 *The Psychopathology of Everyday Life*（1901b）第一版的第七章和 *On Jokes*（1905c）的第七章第七节中。但"潜抑"已经开始占主导地位，在"朵拉"案例（1905e）和《性学三论》（1905d）中几乎被专门使用。此后不久，2005 年 6 月 19 日，一篇关于神经症患者性行为的论文（1906a）明确地引起了人们对这一变化的关注。在研究其观点的历史发展过程中，以及在处理后布鲁尔时期的问题时，弗洛伊德有机会提到这个概念，并写道："……'潜抑'（正如我现在开始说的那样，而不是'防御'）。"

---

❶ 在这个版本中，对应的动词形式是"to fend off"。

这句话中开始出现的轻微错误在 On the History of the Psychoanalytic Movement（1914d）的一个平行短语中变得更加明显。在这里，弗洛伊德再次写到布鲁尔时期的结束，他说："我认为精神分裂本身是一种排斥过程的作用，当时我称之为'防御'，后来称为'潜抑'。"

1905年后，"潜抑"的主导地位进一步增加，例如，在"鼠人"分析（1909d）中，我们发现弗洛伊德谈到了"两种潜抑"，分别用于癔症和强迫性神经症。这是一个特别简单的例子，根据目前工作中建议的修订方案，他谈到了"两种防御"。

但没过多久，"防御"作为一个比"潜抑"更具包容性的术语，就开始不引人注目地出现在元心理学论文中。因此，本能的"变迁"，其中只有一种是"潜抑"，被视为对抗它们的"防御模式"，而"投射"又被称为"机制"或"防御手段"。然而，直到10年后，在目前的工作中，才明确认识到区分使用这两个术语的权宜之计。

附录 B　弗洛伊德主要涉及焦虑的著作列表

[焦虑的话题出现在弗洛伊德的大量作品中（也许是大部分）。尽管如此，下面的清单还是有一些实际的用途。每个条目开头的日期是有关作品可能写作的年份。最后的日期是出版日期，在该日期下，可以在参考书目和作者索引中找到更详细的工作细节。方括号内的项目是在他过世后公布的。]

[1893　　　Draft B. 'The Aetiology of the Neuroses', Section Ⅱ. (1950a)]
[1894　　　Draft E. 'How Anxiety Originates' (1950a)]
[1894　　　Draft F. 'Collection Ⅲ', No. 1. (1950a)]
[1895（?）Draft J. (1950a)]
1895　　　'Obsessions and Phobias', Section Ⅱ. (1895c)
1895　　　"On the Grounds for Detaching a Particular Syndrome from Neurasthenia under the Description 'Anxiety Neurosis'" (1895b)
1895　　　'A Reply to Criticisms of my Paper on Anxiety Neurosis' (1895f)
1909　　　'Analysis of a Phobia in a Five-Year-Old Boy' (1909b)
1910　　　"'Wild' Psycho-Analysis" (1910k)

1914	'From the History of an Infantile Neurosis' (1918b)
1917	Introductory Lectures on Psycho-Analysis, Lecture XXV. (1916-17)
1925	Inhibitions, Symptoms and Anxiety (1926d)
1932	New Introductory Lectures on Psycho-Analysis, Lecture XXXII (First Part). (1933a)

第二部分

关于《抑制、症状和焦虑》的讨论

1 焦虑与危险的相关性：心理功能的变迁

奥拉西奥·罗坦伯格（Horacio Rotemberg）❶

导言

西格蒙德·弗洛伊德（Sigmund Freud）在他的整个工作中重塑了他的理论思想，这与他的临床实践一致。

这种进行研究的方式使他能够发展出各种各样的解释性思维模型，所有这些模型都源自同一个观点：元心理学。他逐渐扩展了这些模型中的潜在经济基础——精神能量的含义，并阐述了它们的结构和精神动力学。

他的一些文章清楚地证明了他可以概括自己不断变化的理论思想的时刻。这在《抑制、症状和焦虑》一文中尤其可见（Freud，1926d）。

在本文中，新的结构模型"自我-本我-超我"由于威胁主体完整性的情形而与自恋问题相关。在《抑制、症状和焦虑》一文中也包括，表征人格新要素的无意识过程，在意识层面之外促进它们之间的联系和互动。现在更为复杂的无意识拓扑仍然支持弗洛伊德学派的观点。Eros 和 Thanatos 之间的紧张关系围绕着威胁自我的危险这一点。此外，这篇文章清楚地将外部现实作为心理的不可避免的参考，与人格的第四要素相媲美。

---

❶ 奥拉西奥·罗坦伯格是一位精神分析学家，为布宜诺斯艾利斯精神分析协会的正式成员、教员。APdeBA 心理健康大学研究所（IUSAM）弗洛伊德病理心理学、特殊病理心理学全职教授，萨尔瓦多大学心理学与心理教育学院主体性结构、成人病理心理学全职教授。

我们的目的是去阐明，《抑制、症状和焦虑》一文中的理论复杂性是基于 Freud 在该论文中综合的焦虑新概念。我们看到焦虑和危险情境之间的联系表明，这种情绪状态与自我意识状态的改变有关，是一种新的后成（epigenesis）现象。焦虑问题出现在某些经验的固化过程中，它会影响不同的心理病理条件下不同的结构终点。从这个角度来看，我们可以在《抑制、症状和焦虑》中找到一些理论元素，这些理论元素帮助我们构建一种适应我们时代的精神分析疾病学。Freud 本人在他的论文中试图基于俄狄浦斯情结和阉割焦虑，重新评估移情神经症。我们的任务是恢复这种建构，并将其与其他危险情境对精神病性表现的决定性影响以及对适合我们时代的结构的影响进行比较，就像边界结构的情况一样。

在这篇导言中，我们想澄清后成一词的含义。我们认为后成是一个过程，通过这个过程，经验影响主体的体质倾向，平息一系列产生心理结构的转变。背景效应会影响先前建立和固化的结构，为潜在的新表现铺平道路。Erikson 在他关于发展阶段的理论中，将这个词引入了精神分析术语（Erikson，1982）。我们对这个词的使用受到了比昂学派转化概念的影响，并与 Freud 对原始压抑-固着-否定经验的建构形成了对比（Bion，1965）。

在下一节中，我们将利用这些理论资源阐明焦虑对心理结构过程的后成作用，将 Freud 在《抑制、症状和焦虑》中的贡献与他整个工作中的其他贡献结合起来。

焦虑的后成说

在精神分析所包含的所有情感中，焦虑是一种典型的情绪状态。Freud 在其早期职业生涯中，将情感和表征定义为心理结构中的驱动力。从元心理学的角度来看，情感基本上是以经济维度为特征的，尽管不是唯一的。弗洛伊德学派的观点将其定义为一种排出的倾向。这一定义，最终与情感是系统发育回忆的观点相结合，在 *Fragment of an Analysis of a Case of Hysteria*（1905e）中，Freud 提出了对心理功能有影响的情感数量的起源问题。在 *Project for a Scientific Psychology*（1895a）中提出能量刺激既有内在的，也有外在的。前者随后将成为驱动力的附属。后者，当它们超过一定强度时，将产生精神创伤的概念。

在 Freud 的著作 On the Psychical Mechanisms of Hysterical Phenomena: Preliminary Communication（1893d）中，我们发现精神创伤的定义是："任何引起痛苦情绪的经历，如恐惧、焦虑、羞耻或精神痛苦，都可能是这种创伤。"

这个早期的定义在焦虑和精神创伤之间建立了明确的联系。焦虑是某些外部刺激对心理产生的令人不安的情绪影响的一种存在性表达，而不仅仅是一种不相连的内生能量的情感表达。

Freud 的这些考虑在《抑制、症状和焦虑》中形成了一个新的认识领域。这篇论文弥合了与 Rank 关于出生创伤及其在焦虑状态下可能重复的争议，将这一事件作为与另一系列事件串联起来的一系列事件中的第一个事件，该系列事件使受试者面临各种痛苦经历。在每一个周期中重复的不是最初的创伤。新的背景条件特征和进展更新了对主体的创伤性影响。这一系列中的元素是由结构因素和相关的环境因素过度决定的。这一系列的路径包括承认当前的自恋维度及其连续的转变；承认自我对与自身和环境的关系中以及与外部现实的感知接触中预期的威胁状况的更新感知能力和测评能力。

这一观点将使我们能够解决《抑制、症状和焦虑》中规定的两种焦虑：自动焦虑和信号焦虑，后者是前者工具化转变的产物。

在这一新理论中，自动焦虑直接对应于"初步沟通"中定义的精神创伤。在《抑制、症状和焦虑》中，Freud 指出，在婴儿期早期，个人并没有真正准备好在心理上掌握来自外部或内部的大量兴奋。这种状况是由婴儿需要母乳喂养的典型未成熟状态的心理无助造成的。在这种背景下，出生的经历是原型的；它提供了一个模型来把握意识的劳动，在由于大量刺激涌入而产生的自恋力比多的经济中，这种劳动只能在开始时记录快乐和痛苦。正是在他的作品 Project for a Scientific Psychology（1895a）中，Freud 明确指出，创伤经历被固定为痛苦的不愉快体验，如果再投资，就会成为潜在精神灾难的内在根源。这种直接源自经验或通过经验重新激活的破坏性能量运动是自动焦虑的定义。我们理解，这一发展使我们能够像 Freud 一样，将自动焦虑与恐怖、无名恐惧的体验进行比较，但有一种潜在的模式，即转述 Bion 的公式。心灵沉浸在一种将其淹没并将其拖至一种无法忍受的、可怕的、痛苦和令人不安的自恋性灾难的紧张状态中。这种类型的自动焦虑，当其被固化时，则被登记为主要被潜抑的表征，并在整个主观转变过程中保持其潜力。

这包括一种消灭主体性的解构经验的固定，并归因于其解体倾向中的死亡驱力。

因此，表征和释放被捆绑于一种破坏性的情感倾向中。

这种倾向，可能出现在 Freud 后来称之为无差别自我/本我的早期发展阶段，将被归因于爱欲的整合性力比多能量流所抵消。人格结构中的第一个渴望的联系将由这种能量流产生，同时将巩固对创伤经历的主要防御。

在试图对 Freud 的不同贡献进行理论整合的过程中，我们想强调以下偏见。

这种渴望的力比多流发生在最初的自恋中，这种无序的自恋在性欲带的制约下，在自我情欲活动周围逐渐加强。理想的目标旨在再次找到那些充满乐趣的时刻，这些时刻可以抵御紧张局势，并在最初的、无序的状态下使主题短暂而逐渐地融合。根据 Freud 在其 *Project for a Scientific Psychology* 中的定义，这些经历的总和，即一组稳定的记忆痕迹，塑造了自我，因为它是其未来关于客体的思想的潜在基础。

在最初的无序运动中，自我实现了格式塔式理解的能力，从而获得了自体。在与客体的所有关系之前，自我与同伴的形象建立起情感的整体纽带的那一刻，它就具有全面统一的特征。根据 Freud 的说法，这种联系是初级认同机制独有的，最初在男孩身上指史前的父亲［《群体心理学与自我分析》（1921c）］，在女孩身上指前俄狄浦斯期的母亲［《女性气质》（1933）］。据我们所知，这种机制是 Freud 在《论自恋：一篇导论》（1914c）中指出的新的力比多自恋整合心理行为的推动者，由于其结果，它是主体面临的第一个重要的结构化十字路口。

这个意象在自我中被同化，并允许它将自己视为爱的客体。

各种精神分析思想流派都回到了这些 Freud 的概念并对其进行了详细阐述：Lacan 的镜像阶段（1949 年）、Winnicott 的母亲的脸作为镜子的前身（1971 年）、Kohut 的镜映移情（1984 年）。

自我成为一个实体，从那时起，它进化并扩展其能力和功能。知觉同一性开始产生思想同一性；联想思维、魔术思维和全能思维与明智思维的辨别特征并存。定语判断与存在判断相辅相成。快乐原则将转变为现实原则。在这场运动中，自我定义了自己并爱自己。它感知客体，并与客体一起构建一种复杂的辩证法，在这种辩证法中，它开始像认识自己一样认识它，同时，它也意识到威胁其自身生存连续性的危险。

由于这些连续而复杂的转变，在没有事先警告的情况下触发的、使自我失效的自动焦虑，逐渐为自我服务而发出焦虑的信号。这种信号焦虑可以预测并最终避免威胁自我的创伤性危险情境。

这种信号焦虑将为自我的良知能力设定节奏。意识开始感知一个寄存器，这个寄存器不是围绕快乐-不快乐维度的。

自我在以束缚的能量运作并能够抑制与快乐客体的幻觉同体的同时，开始意识到，为了维护其完整性和生存，必须将新的资源付诸行动。

从经验中的学习表明，有时它无法独自解决紧张和不适的问题。有一些不是自我的东西支撑着它并完成它。仇恨不是通往目标的唯一途径。这种学习过程可能会被遗弃和恐惧的经历所干扰，这些经历使母乳喂养的孩子再次暴露在自动焦虑的不受阻碍的突破中。在这些痛苦经历中固着，外部支持无法正确解决生命和情感上的不足，导致当这些经历被再现时，主体暴露在暴力、绝望和最终精神死亡的感觉中。这是一个潜在的动荡时期，心理上的无助可能会变得更加严重：在不断重复的累积创伤的威胁下，这可能会扰乱新的辨别力形成，并阻止这种基本身份的强化，而作为自恋的重申，这种身份将带来维持生存的连续性。这种转化将主体倒退地禁锢在自动焦虑的环境中，并带有致命的负荷。

幸运的是，这并不是唯一可能的变迁。

在面对危险时信号焦虑的实际执行是由于缺少客体而产生的，这为自我的自恋的稳固性的存在提供了证据，它记录了因延迟满足而发生的威胁，在这种威胁中，威胁没有获得足以造成毁灭性创伤的强度和扩展。这种焦虑的工具性质，在有利的条件下，产生于一个自我，能够将消极的意义归因于某一事件，同时保持对一个适当的替代方案的信心，以弥补不足。在这种情况下，恰到好处的挫败感与从经验中唤起的令人满意的解决方案相结合，会带来痛苦的情感表现，提醒并鼓励自我忍受，直到客体再次出现。Bion 的理论是，母亲的解码能力能够为她从孩子那里获得现实的投射性认同带来意义，从而为后者提供了他/她自己的幻想能力。在这个过程中，有连续的释放和调节释放的累积经验。从这个观点来看，Freud 所说的系统发育资源，是指人类从经验中学习，从而缓和及调节情感释放的倾向。这些情感是被调节和约束的，并在所谓的有利于主体间交流的升华感觉的开始期间获得各种经验内涵。这些感觉将是创造自我和他者的人性化脉动能量的产物。

这一过程的一个主要标志是自我在面对客体丧失的威胁时获得焦虑信号。将要失去的客体最初是为自我服务的部分客体。丧失的危险在客体周围蔓延，正是此时才被认识到。也正是围绕着这个部分客体，占有性的支配发生在一种自我主张的游戏中，这种游戏涉及对他者性的逐渐认识（Freud 通过棉花卷轴游戏集中体现了这一运动，Winnicott 通过过渡空间和现象等概念将其理论化）。

在此主体性巩固的运动中，对部分客体的自恋之爱将与对整体客体的依赖之爱结合在一起，这种爱在其存在中得到承认，并在其基础上产生爱的情感依赖。

这一事件为自我产生了一个新的操作维度：威胁自我并触发焦虑信号的危险获得了新的意义。这种意义被归因于创造与更新的精神现实相对应的记忆符号的表征。威胁的意义不再是客体丧失，现在的威胁是客体爱的丧失。这个完整单一的客体的建构在自我中带来了一种自恋的双重辩证法，是快乐和焦虑的来源。

在这个阶段，以及从那时起，自我的依赖和焦虑将与在自我与客体的关系中客体的情感倾向直接相关。在整个过程中发生了极其重要的转变。许多曾经是快乐来源的经历不再是快乐的来源,因为客体引入的指令设定了限制,并使先前的动态产生了改变;这些限制意味着挫折,这些挫折需要以尽可能少的自恋损害来消化。断奶、括约肌控制、家庭规范、第三方的逐渐界定、兄弟姐妹的出生,这些都是对自我及其对挫折的容忍度、对情感倾向的信心以及自恋基础的力量的考验。语言作为一种代码在这一过程中被习得,使词的呈现产生前意识。

原始的潜抑,其行为受到某些不适状态的制约,是通过筑坝来进行心灵重组的一种机制,目的是将某些令人不安的内容与自我的前意识区域横向分开。这一过程显著滋养了本我的内容。欲望的运动原本是快乐的来源,但已经不再是,将被置于无意识的相应拓扑中,主要由于自我意义的改变而被潜抑。最初的含义潜藏在无意识之中。那些被固着的痛苦的原始经验是不舒服的潜在来源,也存在于无意识中。信号焦虑是由客体的某些态度引发的,这些态度在自我体验中创造了情感的拒绝和抛弃。如果这些体验获得了创伤的强度,即难以想象的崩溃,一种新的机制可以开始运作来构建思维:否认。这种机制导致自我的垂直分裂。

一旦这种复杂的转变发生——跨越次级口欲期性心理发展阶段和肛欲期阶段,在此期间,与客体关系建立了不同的转变,并产生了各种结构性后果——然后,主体最终会陷入俄狄浦斯困境。

这一事件产生了许多影响,例如将在精神病理学中实施的新型信号焦虑。与客体的关系表现在将第三方纳入二元关系。对第三方的认识打开了一个复杂的关系和情感世界,使主体暴露在一个新的创伤维度——一个源自阉割情结的维度。

第三方概念的获得为自我通过强烈的爱恨关系建立联系奠定了基础。这些关系建立在自我和基本的整体客体之间,并由阳具驱力基础所组织的意愿运动所支持。弥漫在自我中的阳具维度,给解剖学上的性别差异带来了创伤感。在这个时代,对儿童性欲的研究和伴随的性理论无法解释这种差异,因为经验强加了一个单一生殖器的想法,即男性生殖器。在这个领域里,有一种象征性的无能,自我无法靠自己解决。被阉割的威胁或被实施阉割的幻想触发了面对被主观上残害的危险时的信号焦虑。在这个阶段,阳具代表了自恋的整体完整性。因此，这种威胁有一种潜在的不祥之感。

在俄狄浦斯的激情戏剧中，男孩对客体的力比多占有面临着来自父亲的阉割威胁；而在女孩的故事中，对一个客体可能实现力比多冲动的期望与认为自己被母亲的指责阉割的羞辱相对立，已经建立的主要家庭纽带变得紧张。

自我先前获得的信任程度和这一阶段父母的包容程度将影响其最终结果［Kohut（1977）对这些想法进行了广泛探讨］。父母的象征能力必须弥补和完善孩子的象征能力之不足（Lacan对这一观点进行了彻底的阐述）。

在真实联结中的俄狄浦斯问题的解决中，一系列决定因素之间存在相互作用，例如特定的父母角色以及不同的身份认同意象，这些意象将有助于或不会有助于俄狄浦斯十字路口的适当解决。同样促成俄狄浦斯问题解决的因素，是源于发展初期主要被潜抑的情爱力比多。一系列痛苦和愉快的经历被固着下来，部分转化为性格特征，部分被升华，并在具有俄狄浦斯情结特征的经验存在的十字路口，再次受到张力的影响，并重新被阐述。关系的背景支持并促成不同的结构性替代方案。

这些因素的不同影响决定了处理精神病理中阉割威胁的三种可能的方式：a. 通过使用原始潜抑的结构机制，在这一点上，超我-自我理想的元素在此结构中出现；b. 对于损伤，否认机制的新干预作为对自我的可能补偿，以克服同化阉割创伤的困难，加强自我的垂直分裂（Freud，1940）；c. 由于彻底的象征性无能而无法阐述这种创伤性的偶然性，这种无能阻止了前几个阶段特有的创伤性事件的再意义化及整合。在这些情况下，自我投射到一种不稳定的心理连续性上，并在随后的触发因素存在的情况下仍然暴露在解构的威胁下。

在下一节中，我们将讨论这三种选择及其与各种精神病理学命运的关系。

为了总结这些段落的主题，我们将提到，如果按照上述三种方法中的第一种来解决俄狄浦斯冲突，自我将面临的新危险。由此产生的超我的恢复将这一元素置于自我的存在中，作为道德命令和理想的内在参照（Freud，

1923b）。这个机构以估计个人意义的世界、可行的全局观来调节。危险发生在自我中可能出现的偏差、不一致或缺陷。这种威胁来自那些仍然在潜意识深处强大的、可能对官方观点产生影响的被抛弃的感觉；来自现实中存在的阻碍某些理想实现的困难，特别是当它们具有绝对偏见时；来自自我中存在的矛盾心理，拒绝内在的服从却又无法避免。这样，信号焦虑就变成了精神神经质倾向下的神经症性焦虑。与这种焦虑相对应的痛苦是自卑感、害怕暴露和失败，以及害怕权威。

精神病理结构

如上所述的后成变迁决定了各种精神病理结构的命运（Rotemberg，2006）。不同的现象使我们能够在Freud的元心理学的基础上，制定一种精神分析疾病分类学，其阐明因素是普遍的建构机制和焦虑的主要类型。

在上面的文章中，我们提到了两个基本的十字路口，在我们看来，这意味着自恋重组和自我巩固的有意义的变化（Rotemberg，2010）。

第一个十字路口，由最初的认同所支持，指的是所谓的镜像阶段，是一个新的精神行为的起源，它产生了自体，并创造了所有与客体的二元自恋辩证法。

第二个十字路口是俄狄浦斯情结。它的解决重构了二元自恋，并确立了超我作为先前自恋的继承者，这使得近亲交配关系的符号化调节成为可能，也为未来的异性恋关系提供了一个外系繁殖的出路。

这些十字路口使我们能够概念化三个结构维度，这些维度可以根据自恋的特征和疾病分类学的视角来命名。

a. 原始自恋阶段：镜像十字路口前。这一阶段是无政府主义和自体性欲的，其结构起源可以在无差别的自我/本我中找到，没有自体，也没有客体。较弱固着的表征，随波逐流，受驱动力支配。快乐和痛苦决定了一种受原始过程法则调节的精神状态。

b. 次级自恋阶段：它是初级认同作用的结果，初级认同包括自体意象作为结构中自体的参照。初级认同固化了自体意象，然后逐渐将他者纳入意识领域，作为连续次级认同的产物与客体的精神表征的界定相关联。这些事件促使主观情感世界的逐步建立和次级过程法则的逐步确立。

c. 后俄狄浦斯自恋阶段：它与外系繁殖重组有关，并暗示了性别认同和明确的性客体的界限。在这一阶段，系统表征的相互博弈允许意义的自由流通，其意义的特征是具有更明智能力的意识，即使被自我/超我理想强加给意义的条件所淹没，也能区分自体和他人。律法强加于道德意识之上。

我们发现这三个阶段与疾病分类学维度之间的对应关系如下。

a. 孤独症和精神分裂症等精神病性状态是由向第一阶段的固着-退行产生的。孤独症是一种与发育障碍有关的精神病。在这种情况下，现实被严重拒绝。孤独症儿童保持他/她的主体性，因为他/她能够以他/她自己的感觉为中心。出于这个原因，他/她创造了一个受限于特定现实的感知世界。刺激的刻板重复保证了主体生活在可控的节奏中。这些刻板行为似乎提供了快乐的来源。非常有节奏的身体运动产生了充实躯体的感觉系列。同时，以自己为中心的孤独症儿童倾向于拒绝任何将他/她与人类存在联系起来并使他/她远离孤立的迹象。这种建立共识性人类现实的无能全面地塑造了孤独的主体性。由于镜像十字路口没有得到很好地解决，心理结构仍处于最初的自恋阶段。主要的认同机制失败了，自体意象没有巩固，主体性的短暂存在依赖于感官刺激所提供的这些短暂的整合。在孤独结构中，词语不能锚定事物的呈现，由于它与客体的连接不清晰，它成为了大量计算和记忆游戏的载体，没有情感基础，也没有关系的构建。当环境的要求与主体既定的节奏相抵触时，孤独症患者的感觉平衡就会反复陷入危机。在这种类型的主观配置中，没有稳定的物质整合在结构中。因此，孤独症患者无法对焦虑进行分类。在这里，焦虑是一种毫无瑕疵的痛苦形式、纯粹的自动焦虑、纯粹的情感爆发、纯粹的对他者的排斥。

这种萌芽的主体性与精神分裂症发作后出现的主体性不同。精神分裂症的精神病结构，在艰难地解决了镜像的十字路口后，在有限的资源下，面临着以下典型的次级自恋的经验体验。由此产生的主观性与孤独症不同，不包括自体意象和自体断言所需客体意象之间的适当分裂。这一阶段特有的复杂关系交流不稳定地支持着主体，而主体无法找到与其他主体的区别。焦虑，作为一种极端痛苦的形式，当青春期典型的过度强烈的驱力或之前不稳定的控制被打破时，不稳定的平衡就会爆发。只要脆弱的认同支持在其束缚和释放能量的功能上失败，而不是经过俄狄浦斯处理，青春期的出现就会转变为精神病的爆发。由此产生的解构将主体推入初级自恋的无政府时代。这种倒退运动对主体性产生了灾难性的影响，慌乱的主体在混乱中见证了这种崩溃。与孤独症患者相反，精神分裂症患者在他/她的转变过程中构建了一种存在感，在他/她的边界内为他人腾出空间，而没有在自体和他人之间建立任何区分。划界是极端痛苦的根源，并促进自体毁灭。与孤独症隔离相对应的是，妄想性精神分裂症试图恢复失去的融合感，将经历过的无名恐惧转化为他们所遭受的疾病的幻觉和妄想性投射症状。暴力表现为自我惩罚行为和异质性惩罚行为。攻击性是一种情绪状态，相当于无法忍受的焦虑。

b. 第二阶段允许我们保留 Freud 的自恋神经症的疾病分类学命名，与前一阶段的精神病和下一阶段典型的移情神经症相反。在自恋神经症中，包括一系列具有共同结构基础的主体性现象表现的精神病理条件（边缘性状态—进食障碍—成瘾—倒错—心身障碍）。这个共同的基础是，在否定机制的心理建构中发生的自我分裂过程普遍存在。这种机制为出现在次级自恋阶段的创伤性关系变迁提供了结构形状。这些创伤事件的发生可以通过否认来减轻，否认是一种机制，它在大脑中产生分离区域，可以潜在地或交替地出现在意识的层面上，揭示冲突的内容、无法认同或整合的内容。不适在这里促进了一种行为分流，这种分流是由于良心从一个领域转移到另一个领域，伴随着从过度适应到暴力的排斥性运动。根据 Green（1986）的研究，焦虑信号与被侵入或空虚的感觉有关，触发了一种疏散机制，使即兴行为能够在后来被否认。由于这种类型的功能，从经验中学习受到了干扰。人们没有认识到某些主观痛苦的深度，也没有认识到这种波动性性格的负面后果，这是典型的"仿佛"人格，因此不能对行为进行价值分类。道德命令并没有整合自我。边缘患者反常的非道德行为和行为混乱的共同点是，它们都贬低了邪恶感，并通过这些主体编织的关系网络使痛苦循环。因此，个人痛苦失去了一致性，即使主观灾难应该总是出现在这些主题中。

c. 移情神经症也包括各种临床结构实体，所有这些实体都基于原始抑制机制。这种机制组织了表征-情感的心理基础，使通过经验学习成为可能；它划定了由认同机制支持的前意识建筑大坝。这些过程保证了一种协商一致的交换准则，即基本身份认同不受威胁，与现实的潜在冲突并不意味着消除另一方的客体性客观特征。在自我理想调节的竞争环境中，性格平衡得到了感觉循环中的个人搜索的支持，这种搜索从取代主要客体的客体中重新确定了性别身份认同。这场运动巩固了个人情感世界。当某些主体中的一些挫折感在这个结构阐述的过程中揭示出一个错误的维度时，它又回到了被潜抑的层面。痛苦、不适和焦虑表明了性别认同的相对不一致性。这种身份认同不能正确地引导生殖器层面的欲望，并暴露在阉割情结再次激活或超我产生的危险中。能指网络中意义的价值论名词化是由所采用的文化代码调节的。这一因素阻碍了妄想的出现，即使它没有减少强迫性神经症患者的道德观或恐惧症患者典型的不合理恐惧可能产生的残酷和平庸的程度。在神经质结构中，由于它保持了现实原则，移情的阐述过程是可能的，无论是积极的还是消极的。

结论：精神病理学概述

a. 在某些精神病实体中，由于镜像阶段的失败而导致的基本身份构成的紊乱促进了自我的某些精神病理的恢复性发展，其具有强烈的死亡负荷：偏执性妄想，通过投射，维持自我确信环境中存在对其完整性的威胁；在忧郁中，客体的阴影由于一种内射运动而落在自我上，这种运动通过一种自体毁灭的力量的形象来巩固空虚。

b. 焦虑信号并不是唯一影响自我调节的信号。自恋神经症中呈现的自我受到各种感觉的影响，这些感觉调节了主体的疏散反应：引发不同类型行为的沉闷，作为破坏性行为先兆的愤怒，心身表现的条件反射性困惑。

2 论在《抑制、症状和焦虑》中弗洛伊德关于原始焦虑思考的复杂性和关系本质：与克莱因的区别和联系

雷切尔·B. 布拉斯（Rachel B. Blass）❶

在这一章中，我指出了 Freud 关于焦虑的观点［他在《抑制、症状和焦虑》（1926d）中表达了这些观点］和克莱因（Klein）后来对焦虑的表述之间的差异的常见描述的局限性。这就澄清了 Freud 在《抑制、症状和焦虑》中关于原始焦虑本质的复杂而不断变化的观点，以及他在这方面的思想所具有的克莱因学派的性质。这一澄清是更好地理解 Freud 和 Klein 焦虑观之间实际差异的基础和意义的第一步。

解释弗洛伊德和克莱因对原始焦虑观点差异的常见尝试

梅兰妮·克莱因（Melanie Klein）深受弗洛伊德关于焦虑思想的影响，尤其是他从《抑制、症状和焦虑》中所发展的思想。正如 Hinshelwood（1989）[112] 所指出的，Klein"反复回到［文本］……帮助她制定自己的理论公式"。尽管有这种直接影响，Klein 的重大创新不仅推动了 Freud 对焦虑的思考，而且在一个关键点上直接反对它。这是关于对死亡本能的恐惧在焦虑的出现中所起的作用。Klein 在这一点上对 Freud 的反对最直接地表达在她对《抑制、症状和焦虑》的讨论中。

---

❶ 雷切尔·B. 布拉斯是英国心理分析学会的会员，也是以色列心理分析学会会员和培训分析师。她在伦敦生活和执业，是伦敦大学海斯洛普学院的心理分析和宗教心理学教授。她是《国际精神分析杂志》的董事会成员，也是该杂志"争议"部分的编辑。

Klein（1948）[28] 认为对死亡本能的恐惧是焦虑的根本来源："我提出了一个假设，即焦虑是由死亡本能威胁生物体的危险引起的，我认为这是焦虑的主要原因。"❶ 然而，对 Freud 来说，"无意识似乎没有任何东西能给生命毁灭概念带来任何内容"（Freud，1926d）[129]。因此，他认为焦虑不能以对死亡本能带来的最终危险的恐惧为主要来源。尽管 Klein 认为她的假设是 Freud 对死亡本能的思考的衍生物，但她明确承认，在这方面，她的观点与 Freud 的观点不同。

在随后的文献中，Klein 的支持者和批评者都注意到了这种与 Freud 的背离。根据 Klein 自己对这种背离的看法（Klein，1948），她与 Freud 的不同往往被视为是她更普遍地强调死亡本能和攻击性的结果，作者对这种强调的有效性存在分歧（Brenner，1950；Compton，1972；Glover，1945；Hinshelwood，1989；Money-Kyrle，1955；Spillius et al.，2011；Yorke，1971；Zetzel，1956）。再次追随 Klein 的支持者指出了塑造 Klein 立场的临床发现，但他们也提到了更广泛的理论考虑。特别是，他们指出 Klein 对焦虑内容的关注，而不是对其经济决定因素的关注，这被认为是 Freud 观点的核心（Hinshelwood，1989；Spillius et al.，2011）。据称，尽管 Klein 重视 Freud 在《抑制、症状和焦虑》中开始发展的关于焦虑内容的观点，但她回避了 Freud 对焦虑背后的精神状态的思考。De Bianchedi 等（1988）[360] 认为这是 Freud 的自然科学视角和 Klein 的人类科学视角之间的元心理学差异。

这些对 Freud 和 Klein 在焦虑方面的分歧的解释是有限的。不同的临床材料和理论偏好可以解释为什么 Freud 可能会淡化死亡本能在焦虑中的作用。然而，这些差异并不能解释他对死亡本能的明确拒绝。在其他情况下，Freud 非常愿意将因果关系归因于死亡本能。

此外，Klein 的思想并不像许多学者所说的那样与 Freud 的思想对立。例如，像 Freud 一样，她讨论了焦虑中的经济因素，她考虑了"来自内在根

---

❶ 应该提到的是，在其他一些文本中，Klein 指出："原始焦虑的其他重要来源是出生的创伤（分离焦虑）和身体需求的挫败感。"（Klein，1946）[100]

源的焦虑量"的重要性,她指出"Freud 反复提到"这一点（Klein,1948）[40]。她还同意弗洛伊德的结论,即"在幼儿中,未被满足的力比多兴奋会转化为焦虑"。因此,需要对 Klein 与 Freud 关于死亡本能在焦虑中的作用的分歧进行新的解释。

本文通过细读《抑制、症状和焦虑》,迈出了实现这一描述的第一步。在讨论他与 Klein 的不同之处时,Freud 所关心的问题被证明是非常不同的。这为我们彻底修正 Freud 和 Klein 对原始焦虑理解的不同之处奠定了基础。

弗洛伊德对定义原始焦虑的纠结：阉割、出生和分离

众所周知,在《抑制、症状和焦虑》一书中,弗洛伊德对他的焦虑理论进行了重大修改,采用了第二种焦虑模型（例如,Moore et al.,1990；Sandler et al.,1997）。虽然 Freud 最初认为焦虑是力比多压力的转变,但在本文中,他提出了"焦虑信号"的概念（Freud,1926d）。在他早期的理论中,焦虑是一种防御的结果,这种防御阻止了力比多压力的更直接表达；相反,力比多压力以焦虑的形式表现出来。在他的新理论中,焦虑预示着一种即将到来的危险情境,这种情况需要采取防御策略。

Klein（1948）认为 Freud 的理论修改是对他早期理论的补充,而不是否定。一些学者反对 Freud 继续保持他早期关于焦虑的观点,他们认为 Klein 对这种连续性的认识是误导性的（例如,Brenner,1950）[609]。其他人认为, Freud 的早期模型继续发挥着主导作用,以至于在《抑制、症状和焦虑》中提出的发展在范围上相对有限（de Bianchedi et al.,1988）[361]。事实上,情况更为复杂。一方面,Freud 确实从未放弃他的第一焦虑理论。他继续坚持认为,在某些情况下,力比多确实会直接转化为焦虑。

这种转变的典型情况是出生时的创伤：婴儿对内外刺激轰炸的反应,以

及面对这些刺激的无助感,将以焦虑的形式表现出来。事实上,Freud 关于焦虑的第二理论建立在第一理论的基础上,因为信号焦虑实际上是在创伤状态下转化的焦虑的一个缩影。正如 Freud 所解释的:

> 因此,我们将后来生活中的焦虑归因于两种来源。一种是非自愿的、自动的,并且总是出于经济理由,每当类似于出生的危险情境发生时,就会出现这种情况。另一种是自我在这种情况威胁发生时产生的,目的是避免这种情况的发生。(Freud,1926d)[162]

另一方面,尽管与他早期的想法保持一致,但这里发生的转变意义重大。Freud 现在关注的是描绘引发信号焦虑的危险情境,而显然不太关注力比多转变的想法。一些人认为,这种转变的意义在于 Freud 从一个专注于能量因素的生物学模型转向了一个内容和意义的模型(Hinshelwood,1989)[113]。但这种评估并不完全正确:从他最早的分析模型开始,Freud 总是将那些有意义地解释焦虑的内容理论化。对被禁止愿望的后果的恐惧(例如俄狄浦斯情结)就是典型的例子。

此外,Freud 在《抑制、症状和焦虑》中提到的内容并不新鲜。在早期的文本中,对丧失客体的爱、对阉割和对超我的恐惧都是他思想中不可或缺的一部分。

新颖之处是 Freud 看待这些内容和意义的方式。这超出了技术事实,即在 Freud 的新焦虑模型中,该模型的作用从解释力比多的转化转变为解释信号焦虑的出现和随之而来的防御行为。相反,Freud 现在特别关注引起焦虑的不同内容之间的关系,以及它们是如何以及为什么引起焦虑的。他不仅要具体说明我们所恐惧的状态和现象,还要具体说明这些状态和现象引起焦虑的单一本质。他的基本问题是:人类面临的最终危险是什么,以及在心理上发生了什么,导致这种危险的经历或预期被认为是焦虑?换句话说,本文的创新之处不是 Freud 对焦虑本身内容的关注,而是他对焦虑的最终来源和意义的关注。❶ 理解 Freud 在这一背景下的贡献，为更好地理解对死亡的恐惧的中心地位以及死亡本能在 Klein 焦虑公式中的作用奠定了基础。

在《抑制、症状和焦虑》一文中，Freud 重点介绍了几个内容。其中包括以下危险情境：精神上的无助、客体丧失、阉割和对超我的恐惧。他还谈到了出生、分离和客体爱的丧失所带来的创伤。在他的新书中，他对这些各种焦虑来源的看法发生了微妙的转变。在努力把握它们之间相互关系的过程中，Freud 才逐渐有了一个全面的视角。但即便如此，他对危险情境本质的思考中仍然存在一种基本的紧张情绪，这种紧张情绪使这个综合模型永远无法完成。我将通过研究 Freud 关于危险情境构成的思想在本文中的演变来引出这种紧张情绪。

在这里，以及在许多早期著作中，Freud 都强调了阉割的重要性。在发展出新的焦虑理论后，Freud 重新审视了这种危险情境。他探究了这种危险的内在、无意识的来源（而不是外在的客观来源），他相信这种危险必须存在于神经症的力量中。他现在提出，"阉割""可以根据粪便与身体分离的日常经验或断奶时失去母亲乳房的经验来描绘"（Freud，1926d）[129-130]。

根据 Freud 的说法，这一建议具有戏剧性的后果，并"将焦虑问题放在了一个新的角度"。他指出反复的客体丧失、自我对阉割的期望与焦虑中"危险往往是阉割的一种"这一事实之间的联系，他说，人们可以正确地得出这样的结论：焦虑不仅是危险的情感信号，而且在本质上它也是"对丧失、分离的反应"。他认识到对这一观点可能存在的反对意见，试图拿出有利于这一观点的证据。在此过程中，他开始详细描述不同形式的焦虑——出生、分离和阉割——之间的联系：

我们不能不被一个非常显著的相关性所打动。一个人经历的第一次焦虑（就人类而言，无论如何）是出生，客观地说，出生是与母亲的分离。这可

---

❶ 这项创新是 Freud 几十年来努力的一部分，他致力于揭示神经症的最终根源，并发现这些根源超越了他早期的工作，在早期分析工作中他将神经症归因于真实的诱惑遭遇（Blass，1992；Blass et al.，1994）。

以比作对母亲的阉割（将孩子等同于阴茎）。现在，如果焦虑作为分离的象征，在随后的每一次分离中都能再次出现，那将是非常令人满意的。(Freud，1926d)[130]

Freud 试图从阉割所带来的丧失中找到阉割焦虑的理由，并从出生的主要焦虑的角度来理解这种丧失，这确实是一个戏剧性的举动。然而，在文本中关于这一点，他觉得不得不拒绝出生和分离之间的联系。他这样做的理由是，胎儿不知道母亲作为一个客体的存在，主观上无法将其出生体验为与母亲的分离。因此，出生不可能是构成未来所有焦虑情境的主要分离体验。

然而，在短暂的迂回之后，Freud 又回到了支持出生、分离和焦虑之间的联系这一点。为此，他采取了以下六个步骤。首先，他重申了他在书中早些时候提出的观点，即出生是焦虑中兴奋和释放状态的原型体验。其次，他在心理和主观层面上进一步探讨了分娩可能是什么样的危险，并得出结论：

它只能意识到其自恋的力比多在经济上的巨大干扰。大量的兴奋涌入其中，产生了新的不愉快感，一些器官获得了更多的贯注……(Freud，1926d)[135]

第三，他想知道什么样的情况会让人想起出生的经历，从而把这种兴奋联想成迫在眉睫的危险的迹象。第四，他从童年焦虑的经历中寻找答案，这又一次引导他回到了这样一个观点，即与客体的分离被认为是危险的。他写道：

我们只能理解儿童焦虑的几种表现，我们必须将注意力集中在这些表现上。例如，当一个孩子独自一人或在黑暗中时，或者当他发现自己和一个不认识的人在一起，而不是像他的母亲这样的人，就会发生这种情况。这三种情况可以归结为一种情况，即失去一个被爱和渴望的人。(Freud，1926d)[136]

Freud 认为这一步骤也是戏剧性的，并说它提供了"理解焦虑的关键，也有了解决似乎令其困扰的矛盾的关键"。然而，他还没有解释它在什么意义上解决了问题。这需要第五步：他迅速详细地阐述了孩子的渴望状态，以及它是如何转化为焦虑的，现在人们认为焦虑是"孩子智力极限的一种表达，仿佛还在未发育的状态下，它不知道如何更好地应对这种渴望的贯注"。

最后，通过这种渴望的概念，Freud 可以回到阉割和出生之间的联系：

在这里，焦虑表现为对客体丧失感觉的反应；我们立刻意识到，阉割焦虑也是一种对与一个高度重视的客体分离的恐惧，而出生时所有"原始焦虑"中最早的焦虑是在与母亲分离时产生的。（Freud，1926d）[137]

然而，这又回到了之前出现的问题：根据 Freud 的理论，出生不能被主观地体验为一种分离。

解决这一矛盾的关键是"渴望"的概念，Freud 在提到童年焦虑时引入了"渴望"一词。"渴望"（德语原文中的"*Sehnsucht*"）允许将重点从"丧失的体验"转移到"未满足的需求"。后一种意义上的渴望——也就是说，由于丧失而缺乏满足——是前一种意义上的渴望体验的意义和基础。Freud 这样总结他的论点：

片刻的反思让我们超越了客体丧失的问题。怀里的婴儿之所以想感知到母亲的存在，只是因为它已经通过经验知道，母亲可以毫不拖延地满足自己的所有需求。因此，它认为这是一种"危险"，它希望得到保护，而这种不满足的情形，由于需求的存在而紧张局势日益加剧，对此它无能为力。我认为，如果我们采纳这一观点，所有的事实就都明白了。在不满足的情况下，刺激量上升到令人不愉快的高度，而不可能从心理上掌握或释放它们，对婴儿来说，必须与出生的经历类似，必须是危险情境的重复。这两种情境的共同点是，经济动荡是需要处理的大量刺激的累积引起的。（Freud，1926d）[137]

2　论在《抑制、症状和焦虑》中弗洛伊德关于原始焦虑思考的复杂性和关系本质：与克莱因的区别和联系

Freud 总结道:"正是这个因素才是'危险'的真正本质。"因此,他将分离的两种情况——出生和阉割——联系在一起,赋予它们的不是相同的丧失的内容,而是相似的刺激体验。

然而,Freud 并没有停留在这里,随着文章的进展,他思想中未解决的紧张关系变得明显起来。他似乎不满意他关于危险的真正本质的结论,并很快提醒我们,在所有离开子宫后的情况下,丧失客体本身的危险才是核心,而不是这种丧失的经济影响。在这种背景下,Freud 以一种比以往任何时候都更与客体相关的方式描述阉割。与生殖器分离的危险是根据这样一个事实来考虑的,即"该器官是它的拥有者的保证,他可以再次与母亲结合"。但随后 Freud 再次回到了这样一种观点,即最终的危险是经济上的需要。被剥夺阴茎相当于与母亲分离;但 Freud 解释说,这"意味着由于本能的需要而无助地暴露在令人不快的紧张中,就像出生时的情况一样"。然后,他再次回到与客体相关的立场,描述阉割焦虑如何发展为道德焦虑:在这种情况下,危险在于害怕丧失超我(内射的父母客体)的爱。

在该文的结尾,Freud 提出,他所描述的各种危险情境,如无助、客体丧失、阉割和对超我的恐惧,都适用于生命的不同发展阶段,尽管它们不需要相互取代。在这种情况下,他提醒我们不要高估阉割焦虑的影响,尽管它在神经症中显然起着主导作用。他说,女性癔症的普遍存在应该会抵消任何这种倾向。在这里,弗洛伊德对亲缘关系方向上潜在焦虑的危险进行了进一步的排列。他写道:

我们所需要做的只是对焦虑的决定因素的描述中稍作修改,从这个意义上说,这不再是一个感觉到缺乏或实际上丧失了客体本身的问题,而是丧失了客体的爱……[看来]作为焦虑的一个决定因素,爱的丧失在癔症中的作用与阉割的威胁在恐惧症中以及对超我的恐惧在强迫性神经症中的作用大致相同。(Freud,1926d)[143]

弗洛伊德关于对死亡的恐惧是焦虑的根源的观点

尽管 Freud 对焦虑背后的危险情境的性质进行了思考和转变，但他非常坚定地认为，对死亡的恐惧并不在其中。在《抑制、症状和焦虑》中，他在得出焦虑是对危险情境的反应这一结论后，立即提出了对死亡的恐惧问题。他写道：

> 如果焦虑是自我对危险的一种反应，我们会倾向于将创伤性神经症视为对死亡的恐惧（或对生命的恐惧）的直接结果，而忽视阉割问题和自我的依赖关系。（Freud，1926d）[129]

他很快拒绝了这种诱惑，解释道："如果没有任何深层次的心理机制的参与，神经症似乎极不可能仅仅因为客观存在的危险而产生。"Freud 认为，对死亡的恐惧根本不存在于这样的层面上。这是关键的一点："无意识似乎没有任何东西能给生命毁灭概念带来任何内容。"他将这与阉割焦虑进行了对比，阉割焦虑是我们通过日常经历的粪便分离和断奶时失去母亲而了解的。"但从未有过类似死亡的经历"。换句话说，我们永远无法直接体验我们的不存在，因为这需要我们在那里才能体验。他认为，我们最接近这种体验的是昏厥状态。

相反，Freud 认为，表面上对死亡的恐惧的更深层次的心理意义应该被理解为对阉割的恐惧，以及"被保护性超我（命运的力量）放弃的自我体验，因此它不再有任何安全措施来抵御周围的所有危险"。换言之，正是失去客体及其爱的保护的危险——通过经验可以想象的危险，表现在对死亡的恐惧中。

几页后，Freud 在调查胎儿出生时所经历的危险的性质时，又回到了这个问题上。他承认出生时确实有生命危险，但肯定的是胎儿不可能知道自己的生命可能会被摧毁。它所经历的是"自恋的力比多在经济上的巨大干扰"。在这里，我们看到了对死亡恐惧的经济刺激描述。这种描述与一般的焦虑相似，Freud 从丧失和无助所带来的巨大刺激这两个方面解释了焦虑。

在死亡的危险情境下，就像在焦虑中一样，丧失和巨大的刺激是最基本的体验。从深层次的心理意义上讲，死亡本身并不可怕。

讨论弗洛伊德对原始焦虑立场的理论思考

在《抑制、症状和焦虑》一书中，Freud 试图发现焦虑的本质。例如——这是他的主要例子——Freud 早就认识到焦虑与阉割的想法有关，现在他想知道阉割到底有什么可怕之处。在这方面，他并不认为任何事情都是理所当然的。他首先得出结论，归根结底，我们害怕丧失，害怕身体上的分离，就像我们出生时经历的那样。但这还不够，他觉得自己还必须调查这种丧失是焦虑来源的原因。同样，他必须解释为什么出生分离——"焦虑的第一次体验"——如此可怕。我们可以从伤害和潜在损害的角度提供看似不言自明的解释，但 Freud 关注的是在最深层的心理逻辑层面上发现这可能意味着什么。我们的无意识大脑对这种危险了解多少？就大脑的运作而言，这些知识是如何在焦虑中表达的？

在试图回答这个问题时，Freud 非常适应早期直接经验的问题。对于一种引起与神经症相关的焦虑的危险，对于它具有扭曲思维和对现实感知的力量，他声称这必须涉及一个无意识的决定因素。否则，危险只会引起恐惧和厌恶。考虑到无意识的形式和内容的性质，危险状态必须在早期立即体验和呈现，而不是在以后的生活中有意识地了解。因此，当一个人试图理解某种恐惧（例如阉割）的起源和含义时，必须寻找一个类似的事件，即主体在婴儿时期可能实际主观经历过的事件。类似的、主观经历的事件是恐惧背后的最终的无意识的危险。

Freud 再次提出，婴儿从与粪便和乳房分离的身体体验中知道客体的丧失。因此，客体丧失似乎是一种早期的经历，可能是焦虑的原因。然而，根据 Freud 的说法，人们必须超越这种丧失的经历，寻找焦虑的第一个来源。这一来源将更全面地解释这些丧失是如何以及为什么会引起特定的焦虑感的。出生时与母亲分离似乎是一个可能的来源，但 Freud 认为，婴儿主观上无法体验到失去母亲的痛苦，因为婴儿还无法识别母亲。Freud 说，婴儿在心理上所经历的是被刺激淹没的状态。他得出的结论是，这种面对巨大刺激的无助感源于失去母亲的体验并产生终极意义，这被感知为焦虑。

由于 Freud 试图用单一的原始经验来解释所有具体的危险情境，因此这些情境中涉及的各种丧失也可以用面对过度刺激时的无助来解释。在这样解释的过程中，Freud 从对关系体验（丧失）的描述转向了对与这些关系体验相关的内在动力（无助和刺激）的描述。

通过将不同的恐惧与一种终极的心理危险联系起来，弗洛伊德不仅从内容上找到了对焦虑的连贯解释，而且还解释了为什么危险情境下产生的感觉是焦虑的特殊感觉。这些情境会引发焦虑，因为焦虑的体验，即一个人无法控制的兴奋体验，直接对应于在最终危险情境下出现的对心理的压倒性刺激状态。Freud 进一步发展了这些思想，在他对渴望状态的考察中，再次从对丧失内容的关注转向对高刺激的经济状态的关注，渴望状态既表达了丧失，也表达了需求的加剧。

尽管相对整洁，但 Freud 发现经济解决方案并不令人满意，因为它专注于内在动力，并没有完全捕捉到焦虑中的关系因素。因此，他在这种解决方案和对客体丧失的理解之间摇摆不定。他对阉割的危险——害怕失去与母亲结合的可能性——的描述就是一个显著的例子。

Freud 拒绝将对死亡的恐惧作为焦虑的来源，这可以在这个复杂的理论背景下理解。根据 Freud 的理论，死亡的早期主观体验是不存在的。因此，对死亡的恐惧不可能是无意识的。相反，它背后一定有其他一些无意识的危险状态。他认为这可能是阉割以及超我保护的丧失，这是无意识通过早期的丧失经验所知道的。此外，阉割和超我保护的丧失是造成焦虑的特殊感觉及其相关紧张情绪的原因。然而，对死亡的恐惧并不能从心理上的关联来解释这种感觉。

在拒绝将对死亡的恐惧作为焦虑的基本决定因素时，Freud 并没有忽视对死亡的恐惧；他知道人们强烈地感受到这种恐惧，死亡客观上是一种终极危险。他假设了一种自我保护的本能，并提到了用对死亡的恐惧来解释焦虑的诱惑。但是，意识到这种解释的理论局限性，他觉得有必要意识到，在对死亡的恐惧背后，有更基本的心理状态——丧失和刺激的体验，赋予了焦虑的形式和意义。

Freud 也没有拒绝死亡本能或限制其作用。尽管在《抑制、症状和焦虑》中，更多地提到了力比多因素，而不是天生的攻击性因素，但这与 Freud 在本文中的想法一致，即攻击性驱力将是焦虑的来源，例如，他提到了它们参与俄狄浦斯情结。因此，根据弗洛伊德的说法，个人的破坏性倾向，就像他的力比多愿望一样，可能会引起焦虑。但弗洛伊德在《抑制、症状和焦虑》中提出的问题是关于焦虑的起源和意义。他想发现焦虑体验的根源，这是人们希望避免的最终危险，是在焦虑状态下表现出来的。他认为，这不可能是对死亡的恐惧。

结论

对 Freud 在《抑制、症状和焦虑》一书中观点的澄清，指出了 Freud 和 Klein 在焦虑方面，更具体地说，在原始焦虑方面的差异的描述存在问题。Freud 对死亡恐惧的拒绝是基于经验的考虑，主要是恐惧缺乏早期的经验来源，这与 Klein 的思维方式一致。和 Klein 一样，Freud 显然关注内容和关系（例如，神经症性焦虑背后的丧失幻觉）。和 Freud 一样，Klein 欣赏定量因素的作用（Blass，2012）。两位思想家都认为这两个因素处于复杂的相互作用中。

考虑到这些相似之处，人们现在可能会想，Klein 是如何假设对死亡的无意识恐惧的，以及实际上是什么考虑导致了这种与 Freud 的分歧?仔细阅读以上内容表明，他们的分歧并不是基于偶然的临床材料、个人对某些理论的偏好，或其他肤浅和刻板的差异。相反，他们的差异集中在关于焦虑的基本性质及其原始来源的问题上。以这种方式面对这个问题，我们可以尝试用一个新的答案来回答为什么 Klein 在这样一个根本问题上与 Freud 不同。

在将来的一篇文章中，我将通过指出 Freud 和 Klein 对心理关系现实的理解方式的细微但显著的差异来回答这个问题。两人都关注内在的幻想关系，但他们对这种关系的概念不同。认识到这种差异，我们不仅可以对焦虑的本质，而且可以对 Klein 和 Freud 各自的元心理学的本质有新的认识。

3　温尼科特和科胡特：他们的焦虑理论

肯尼思·M. 纽曼（Kenneth M. Newman）❶

导言

Winnicott 在二十世纪四五十年代、Kohut 主要在六十年代进入这一领域，他们将自我紊乱的焦点从以驱力为中心的固着转移到发展中的停滞。其重点包括转向早期的环境失败和父母对孩子情感需求的错误协调，因此需要对焦虑的性质和原因做出不同的解释。这意味着焦虑的来源位于结构形成时，此时婴儿依赖母亲的照顾来获得安全的氛围和建立安全的内部环境的基础，这一点至关重要。以结构模型和自我心理学为中心的传统解释，强调个体的婴儿驱力与超我的冲突，并在某种程度上变得从属。由于病理性的固着点现在位于前结构时期，俄狄浦斯情结和它的错误解决所伴随的冲突不再是焦虑的焦点。

由于 Winnicott 暗示焦虑是由早期母子二元关系中的环境失败引起的，我们将试图放大这种矩阵中出现的破坏性影响是如何成为慢性问题的，并有助于病理特征重建的形成。为此，我们将简要考虑他对健康结果的看法，然后看看，当环境因母亲的错误适应而失败时，结果是如何随着自体和客体的紊乱而内化的。

---

❶　肯尼思·M. 纽曼在加拿大多伦多大学获得医学学位，在芝加哥接受了精神病学和精神分析学的培训。他目前是芝加哥精神分析研究所的培训和督导分析师，是芝加哥研究所前院长，与 Howard Bacal 合著了 *Object Relations*、*A Bridge to Self Psychology*。

如上所述，对需求的足够好的适应，用 Winnicott 的术语（1958）来表达，即对儿童的姿态和对客体控制幻觉的需求的响应，对于建立一个增强的、富有想象力的自体是必不可少的。它是迅速发展的代理感、自信感和个性的基础，在 Winnicott 看来，它是"真实"自体的促进者。这些积极经验的积累导致人们的现实检验感越来越强，同时也认识到在婴儿的"全能领域"之外有一个客体可以提供营养和情感支持。

这种关键的成熟的成就是真正的依赖性（一件好事）和"可用性"的发源地。但要达到这些节点，必须在父母和孩子之间进行更多沟通。更明确地说，在早期阶段，即使有最令人满意的经历，照料过程中也会出现中断和不可避免的失败。这些挫折会导致婴儿不同程度的痛苦，表现为烦躁、紧张、焦虑和反应性愤怒。在这一点上，需要第二个同样重要的照顾功能，即帮助"抱持"的能力。父母通过两种主要方式提供这种支持。如前所述，第一种是接受和促进孩子的早期能力，即他/她对客体的控制幻觉。第二种是帮助管理情感的能力，尤其是与挫折感相关的难以控制的负面情感。当成功运用这一重要维度时，意味着孩子可以吸收和整合因协调而被干扰、中断所调动的情绪。面对失望和误解，照料者可以承受这些情感，在破坏中幸存下来，并帮助孩子的心理保持完整。这两个维度需求的足够好的满足，调和了与发展阶段适当的全能姿态，并涵容了与暂时性环境失败相关的情感——这允许了关键的转变，即孩子将客体置于自体之外（Newman，未发表）。

我之所以提供上述导言，是因为我认为，为了更充分地解释 Winnicott 对焦虑的看法，我们必须阐明环境在两个需求维度上的失败是如何削弱儿童的心理结构并使其容易受到焦虑影响的。面对过度创伤，孩子的心理通过适应性和病理性的性格防御来重新组织，以保护他/她的自我免受压倒性的情感状态的影响。

Winnicott 对这些不利结果的解释往往是简洁而苍白的。他关于环境失败如何导致慢性焦虑感、焦虑易感性以及结构重组的必要性的观点，对于可能出现的那种病理性和妥协来说，过于轻描淡写了。他主要关注的是照料者无法对孩子全能姿态的需求做出最佳反应，这种姿态一度被视为控制客体的幻想。无论是什么干扰了这种体验（例如，自恋的、强迫的、侵入性的或过于挑剔的父母），都会引发"冲击"焦虑，他将其描述为对孩子的地震般的干扰，是他/她"存在"的中断。虽然 Winnicott 清楚地意识到伴随着混乱而来的负面情绪，但我认为他对无法"抱持"情感而导致发展脱轨并成为焦虑主要来源的重视程度太低。他引入了临床理论中最关键的概念之一——父母的"毁灭中生存"——但他没有详细说明它是如何运作的。如果说照料者无法"抱持"强烈的情感，会导致诸如分裂和"冻结"情感之类的紧急措施，这大大削弱了情感管理在心理结构演变中的作用。

我试着详细说明我是如何看待上面发育节点阶段的错误导航的。面对环境客体（照料者）的一致性失败，婴儿开始与一个内化的客体"生活"，这个客体本质上是消极的和恐惧的。虽然（环境）毒性的质量和细微差别各不相同，但"足够好"的镜像、协调和抱持失败的总体结果创造了一种核心体验、一种内化的二元体，在这种体验中，另一方（父母）被视为批判的、情绪上不可及的、过度自恋的和（或）侵入性的。这个婴儿的内在世界可以按照 Daniel Stern 的 RIGS 反应的内化和泛化来可视化。这让婴儿长期处于恐惧中，害怕"撞"到敌意的内射，以及这种接触会引起的被遗弃感和（或）焦虑。虽然对环境失败这一方面的强调为 Winnicott 的焦虑/抑郁模型提供了更令人信服的解释，但有必要增加失败的第二个维度，以完成这幅图画。

如前所述，在客体中持续的受挫和失望之后发生的事件至关重要，这将决定照料者"抱持"强烈情感状态的功能是如何被体验的。因此，当同样的父母通过提供不充分的帮助创造了高情绪强度的状态，却无法回应孩子的反应性愤怒和（或）绝望时，我们就有了客体失败的第二个维度。这给孩子造成了一个复杂的困境。他/她不仅害怕经历不够好、不协调或遥不可及的父母带来的影响，而且他/她也害怕这种由于缺乏整合而放大的可怕情感被重新激活。然后，我将焦虑概念化为，不仅由于反复经历错误的必要反应而加剧，而且由于心理结构的削弱，无法管理强烈的感受而被夸大。

科胡特和焦虑

Kohut 的焦虑理论——就像 Winnicott 的焦虑理论一样——产生于一个

发展时期，在这个时期，人们主要关注的是自我的结构化和整合。再次，像 Winnicott 一样，焦虑本质上不是由驱力-超我冲突产生的，而是位于自体体验之中，由增强或削弱其整合的因素所决定。对于 Winnicott 和 Kohut 来说，重点从本能刺激的来源转移到照料者通过充分协调发展需求来帮助孩子的心理变得强大和活跃。虽然 Winnicott 谈到了足够好的母性适应，但 Kohut 引入了自体客体一词，以概念化婴儿建立安全和富有想象力的创造性自体所需的功能。他认为自体客体的两个主要特征是执行镜像和理想化功能。

为了强调 Kohut 的模型与经典的以驱力为中心的模型的差异，让我们简要回顾一下他的想法。在 *The Restoration of the Self*（Kohut，1977）[102] 中，他描绘了两种基本不同的焦虑类别。第一种比较熟悉，与那些自体的凝聚力完好无损的人有关，这表明他们已经成功地跨越了早期的成熟经验，获得了更大的自主性。当这些条件得到满足时，焦虑代表了不同特定危险的信号、与被抛弃威胁有关的局限性恐惧、对失去客体爱及阉割的恐惧，以及对婴儿驱力压力的超我反应。虽然本能和伴随的幻想可能与早期的力比多阶段有关，反映了临界点，但核心冲突被认为与俄狄浦斯情结有关。

第二种危险是自体的解体或破碎。决定这种紊乱形式的关键因素涉及自体的前意识和自体-自体客体单元的脆弱性。在易受这种焦虑影响的个体中，结构完整性所必需的早期构件从未完全建立起来。这是由于环境供应不足造成的。要详细说明这种脆弱性是如何成为一个长期关注的问题，需要进一步研究自体客体需求的两个维度（Kohut，1971）[197]，即父母镜像的关键作用和复杂的理想化功能。虽然我们通常将在自体紊乱中发现的焦虑状态归因于容易破碎的脆弱性，但对这些特定焦虑状态的原因的进一步探索可能会将完整性扩展到原始模型的完成。

简言之，与 Winnicott 的解释有点类似，焦虑源于他人（照料者、自体客体）对错误反应的重新体验，以及伴随这种失望而来的不可避免的强烈情感状态。与 Winnicott 模型一样，脆弱个体从未完全融入与失败相关的强烈情感，这一事实极大地加剧了对自体的内部威胁，也是自体客体失败的第二维度的故事。

让我把这个补充一下。Marian Tolpin（1971）很好地描述了母亲的早期理想化功能，因为她促进孩子获得了紧张状态调节的技能范式。她描述了恰到好处的挫折如何为母亲调节能力的转变奠定基础，这种转变一点一点地导致孩子的结构积累。这种微观描述的大部分内容都是针对健康的事务，这些事务会导致一个强大的自体，能够管理和整合紧张状态。

然而，要更全面地解释情感的作用以及对攻击性和消极性的处理，就需要研究当父母未能充分发挥其自体客体功能时出现的问题。Miliora和Ulman（1996）进一步加深了我们对父母角色与孩子的内在结构之间相互影响的理解。他们强调父母如何在镜像和理想化的功能中吸收、中和和排放潜在的令人不安的情绪或紊乱的刺激。他们认为这增加了孩子在涵容中实现差异化的能力。他们认为父母的作用就像一块吸水性很强的海绵，当孩子的自体还很脆弱时，它就会吸收过多的情感和感觉。但是，父母（相对）缺乏在涵容中提供区分的能力，干扰了孩子创造良好界限的能力。这种失败会导致孩子在以后的生活中无法涵容强烈的情绪，尤其是带有负面色彩的情绪，并且这可能成为扩散焦虑、碎片焦虑甚至恐慌等焦虑谱系的基础。我们应该再次强调，他们详细描述的功能都可以包含在需求的第二维度下，"理想化"的客体要么成功要么失败。

Socarides等（1984）也强调了对自体客体的理想化在情感整合中的作用。如果得到来自照料者的接纳、综合和涵容的回应，情感可以被视为在整个发展过程中自体体验的组织者。对儿童的情感状态缺乏稳定、协调的反应，会造成最佳整合的微小但显著的脱轨，并导致分离或否认情感的倾向，因为它们威胁到已经实现的不稳定的结构化。

我相信，我们可以看到 Winnicott 对情感涵容和证明客体生存所必需的抱持功能的隐含理解，与 Kohut 通过理想化自体客体介导的需求的第二维度之间的强烈类比。如果我们想把焦虑放在中心，激发了性格适应/适应不良、妥协的客体关系和急性症状表现的需求，我们可以将其综合如下：儿童（后来的成年人）由于早期照料（自体客体）失败而容易产生紊乱的焦虑，继续需要外部他人的过度回应或他们自己的原始夸大性成就来保证安全。面对失去这些肯定的涵容反应的威胁和对全能控制的威胁，自体暴露在虚弱感、不足感和内部自我批评中，所有这些都引发了焦虑和分裂的状态。伴随而来的反应性情绪——愤怒、绝望、无望——给这种状态增添了巨大的压力，因为这些情绪从未得到充分控制，现在却在精神上以压倒性的焦虑威胁着自己。

综上所述，由于发育停滞、焦虑易感性和病理特征的根源在于照料或自体客体功能的双重失败，我相信据此可以确定多种治疗方向。通常情况下，患者的表征会助长一种氛围，促进被压抑的自恋努力的出现。在其他时候，很明显，患者重复的自恋性解决方案（病理性的防御性格）可能会让我们帮助患者恢复到恐惧和被隔离的感觉状态。通过在治疗早期关注这些问题（Newman，2007），我们正在处理患者无法独自处理的重要需求方面。那么，在这里，我们可以几乎从一开始就参与有缺陷的内部抱持环境，从而将情感管理视为需求的前沿。这有助于患者调动被冻结的感觉状态，并可能允许出现更深层次的、真正的自体需求或自恋努力，因为情绪调节问题已经成为人们关注的焦点。

治疗行为

由于 Winnicott 和 Kohut 模型都将核心障碍定位于发展失败中，而发展失败反过来又削弱了自体结构，因此治疗建议直接遵循这一假设。理解治疗行为所依据的原则如下：成年患者的许多表现特征，包括适应/适应不良性格、症状行为和妥协的客体关系，都可以归因于早期的环境失败，这些失败干扰了牢固可靠的结构建设。目前的人格表现，通常以过度贯注以及对再创伤的防御形式，代表了前沿需求的混合。这意味着，许多与发展停滞相关的需求被延续并嵌入到性格中，有助于保护心理免受从未充分管理或整合的情感状态影响的防御也是如此。

将这些因素追溯到错误的环境条件和阶段，在这些阶段中，父母客体（照料者、自体客体）在决定心理组织的方式方面至关重要，这意味着治疗中新的重组必须包括与客体的新关系。为此，分析师必须随时待命，以部署满足移情的需要，因为安全条件已提供，便于调动这些需要。在这两种理论中，这些主要是自恋的移情都应该被鼓励和接受，因为人们理解，重新调动的是需求，而不是力比多（隐含着婴儿的，因此是不合法的）驱力。因此，一个主要的维度包括提供一种必要的关系，作为一个新的、更强大的自体建设的脚手架。虽然主要的焦点通常是重新激活依赖关系和镜映需求，但同样重要的是，要注意情感管理的维度。对导致自体削弱的早期创伤的修复，不仅应包括注意自尊调节能力是如何受损的，还应考虑父母是如何未能帮助"抱持"强烈的情感状态的。

在本文的前面，我已经描述了焦虑和无法控制的紧张状态是如何与这些早期照料（自体客体）失败联系在一起的。对 Winnicott 来说，治疗行动意味着，在治疗情况下，当治疗退行加深时，患者和分析师将不得不经历与早期环境失败相呼应的失败分析的重复。对 Kohut 来说，在分析中，大部分治疗措施都涉及处理破裂和失修。当牢固的自体-自体客体移情转移开始参与，然后不可避免地发生移情失败或暂时的丧失（分离等）时，这些问题变得最有用。分析师对这些事件的把握，包括认识到他或她在破裂中的作用，有助于患者感到被理解和被涵容。分析师承受自体-自体客体关系破裂所带来的强烈情感的能力，与 Winnicott 的毁灭中生存概念相似。这一供给满足了抱持和融合的需要，极有助于增强自体。正如 Marian Tolpin 的范式所建议的那样，当紧张状态日益加剧时，患者可以一点一点地将治疗过程内化。渐渐地，分析师的理解、宽容和冷静可以转化为新的结构并积累起来。

4 原始焦虑、驱力和对进步运动的需求

卢西安·法尔考（Luciane Falco）❶

《抑制、症状和焦虑》是一个复杂的文本，但同时也是必不可少的。我们现在读这篇论文的时候，必须记住精神分析之父刚刚提出了第二个主题，而且这个新的精神结构的许多后果仍然不清楚。

在我看来，这些结果之一——死亡驱力理论——在这篇1926年的文章中显得尤为突出，因为它与Freud所说的自动焦虑有关，即死亡驱力的行为会强化精神混乱的体验。Freud提出了这样的观点，即当连接的能量变得不连接时，它会导致来自不连接的生物体的能量分离。这个自体，或者存在，这些有机体互相对立，与本我和外部世界有一场持续的辩论。由此导致的力比多结构的丧失是危险的第一个信号，并因此产生了对最原始情感的感知——焦虑。因此，我用原始焦虑这个词作为创伤性焦虑的同义词，意指它在个体发生的意义上是原始的。

Freud在这文本中考察了原始焦虑——自动焦虑是原始的焦虑，是充斥着主体的焦虑。另一方面，借助于生命的驱力，即性欲（Eros），自我将不得不发展自己，以达到一种能够帮助主体自我保全的信号焦虑。对于任何进步的运动，都有必要与自恋力比多联系起来，这将通过力比多的一个新的联系来揭示，在那一刻将力比多转变为自恋力比多和客体力比多（Freud，1933a）。但死亡驱力是在沉默中，以一种退行运动，走向一种原始焦虑或先前的状态。

---

❶ 卢西安·法尔考是一位精神分析学家；阿雷格里港精神分析学会（SPPA）正式会员；SPPA在法语心理分析大会上的代表和SPPA心理分析评论编辑委员会成员。

因此，在我对《抑制、症状和焦虑》的思考中，我将试图分别解决焦虑在其原始状态和对生死驱力的信号焦虑之间的接近性，以及焦虑与自恋力比多从自我中脱离之间的关系。

死亡驱力：第一驱力

1926 年，Freud 将出生创伤问题作为焦虑的模型，这是基于出生时与力比多相关的器官系统所遭受的组织混乱，以及这种经历与原始焦虑的联系。但是，为了思考这种焦虑，我们必须回到 Freud 六年前的著作中，并参考《超越快乐原则》（1920g），他在文中描述了他最后一个关于驱力的理论，引入了死亡驱力的概念。

在本文中，Freud 将赋予死亡驱力第一驱力的地位。这对元心理学有着至关重要的意义。从那时起，Freud 指出，人有一种天生的愤怒成分，一种侵略和毁灭的趋势，并提出死亡驱力和生命驱力从出生起就共存。然后，他将证明有一种新的力量——死亡驱力——试图摧毁一切。性欲和死亡驱力被认为是心理冲突的两个对立面。

在这个新的视角下，Freud 阐述了施虐和死亡驱力相近性的假设，从性驱力的纠缠和解开、力比多变态形式的施虐成分的目的地和它的新目标——毁灭——中得到支持。他对非破坏性施虐性力比多的发展所进行的研究强调了所谓的生命驱力在自我防御下的影响。在这里，我们可以将 Green 关于生与死两种自恋的理论联系起来，然后我们可以认为自恋是生命驱力的核心本质，是整个自我构建的保护顶点；在那一刻，这是唯一能够有组织地抵抗死亡驱力的力量（Green，1983）。Green 认为 Freud 并没有完全详细说明这一点，他满足于将自恋视为生命驱力和死亡驱力之间的第一个联系。他接着画了这条路线：

……一开始是一些无法辨别的东西（混乱？）。后来，第一批可识别的投资出现了（与主体的身体相关的力比多、身体的情欲，第一次通过统一自动进行连接，等等）。后来，第一个统一阶段的构成主要表现为自恋本质、自体情欲（它反对获得的消失，但不能抵抗时间变化）。（Green，2007a）[31]

我理解，这种混乱对应于原始焦虑，这种焦虑是由死亡驱力的行动所维持的，该行动阻碍了连接所需的投资，此外，当第一次统一没有发生时，还会为力比多的大量流失留下空间。为了实现第一次统一，必须进行投资。Green 表示，在继续前进的过程中，或者如果我们愿意的话，在进步运动中，会有一种介入，即一种先于客体结构的投资。这种投资不仅会使客体介入，还会迫使心理结构发展。

出生创伤

在 1926 年的文本中，出生焦虑是创伤事件的模型，是其本质。Freud 寻找的是一种先天因素，一种将被重新定义的系统发育焦感。在这个过程中，自我在其发展过程中会受到许多危险经历的威胁：①母亲的丧失；②母亲爱的丧失；③超我的丧失；④阉割焦虑；⑤超我爱的丧失。

然而，他的论点是，身体释放（过度心跳、强迫呼吸等）会导致力比多失衡，进而转化为焦虑。这种以焦虑的形式经历的生理失衡需要被象征化，或者，正如他所说："我们不能过分强调这一点，也不能忽视这样一个事实，即生物的必要性要求危险情境应该有一个情感的象征，这样在任何情况下都必须创造出这种象征。"（Freud，1926d）[93-94]

Freud 在这篇文章中明确指出，焦虑与婴儿兴奋状态的危险有关，其结果是不快乐。这种出生时的经历意味着一种创伤性的身体体验。快乐原则在那一刻消失了。在我看来，这一点至关重要：

……焦虑伴随着相当明确的身体感觉，这些感觉可以指向特定的器官……最清晰和最常见的是那些与呼吸器官和心脏相关的感觉。

……因此，对焦虑状态的分析揭示了其不快乐的特定特征、释放行为和对这些行为的感知……焦虑是基于兴奋的增加，这些兴奋一方面产生不愉快的特征，另一方面通过前面提到的释放行为得到缓解。(Freud，1926d)[132-133]

Freud 在 1933 年延续了这一思路：

在出生时，就像在每一种危险情境中一样，最基本的是，它会在精神体验中产生一种极其强烈的兴奋状态，这种状态被感觉为不愉快，不可能通过释放来控制。面对这样一种基于快乐原则的努力都失败了的状态，我们称之为"创伤时刻"……令人恐惧的是，创伤时刻的出现总是无法用快乐原则的常规规则来面对。(Freud,1933a)[117-118]

Freud 承认焦虑有双重起源：一个是创伤时刻的直接后果，另一个是威胁着那个时刻重复的迹象。对于过度的力比多需求这一想法，让我们能够思考什么会成为无助的体验，因为没有一个自我能够处理这种最初的焦虑，这相当于谈论原始焦虑。

我相信 Esther Bick（1968）和 Winnicott（1969）帮助我们理解了 Freud 学派关于这种身体焦虑和无助的观点。Bick 通过观察婴儿的研究证明了这一点，这些研究结果与 Freud 学派的观点完全一致。对她来说，大多数情感上的感受首先是身体自然感受到的。婴儿的精神和身体状态是一个连续体（Bick，1968）。

最近（Falcão，2010），我利用母婴治疗的经验讨论了这个问题。在这种练习中，一个人有机会与婴儿一起体验这种身体焦虑，我称之为身体闪光（psysical flash），在我看来，这是一种预先设定的形式。焦虑可以通过分析师在治疗期间所经历的身体感觉来感知。在这种治疗中，通常一开始可以理解为对婴儿癔症的认同。但我宁愿认为，这些身体感觉或身体行为与婴儿无法用语言表达的焦虑相对应：没有语言，只有身体。当分析师在治疗过程中身体上感受到焦虑的那一刻，他/她可能会意识到从婴儿的精神中溢出的焦虑迹象。这是一种身体闪光，我们可以将其理解为警报信号。当这些婴儿被转介给我们时，总是因为身体症状而来。

然后我明白了，在提到无力（$hilflosigkeit$）时，Freud 谈到了一个绝望的婴儿，他不会说话，会尖叫，会哭泣，会扭动，无法创造任何表征。驱力无法创造自己的路线。这是一种原始焦虑。Freud 坚持认为这种焦虑与出生焦虑有关。我愿意相信他坚持的对无助体验的思考，这种无助是人类生活焦虑的原型。在这个特殊的时刻，无助的状况是会在发展过程中经历的。因此，当自我经历无情的痛苦或无法满足的需求时，经济状况是一样的：运动无助会在心理无助中得到表达。因此，一种没有连接但无休止地期望连接却从未实现连接的力比多，使自恋力比多的自我空虚，就像一场大出血，让它任由死亡驱力摆布。因此，失连接的力比多将是即将到来的死亡的宣告。

Winnicott（1969）在描述崩溃焦虑时，也让我们参考了 Freud 关于无助的观点。他指出，自我无法组织自己对抗环境的失败，因为依赖是生活的事实。在绝对依赖时期，当母亲扮演辅助自我的角色时，婴儿还没有把非我和自我分开。对 Winnicott 来说，崩溃焦虑与已经经历过的崩溃焦虑有关，这是对最初痛苦的焦虑。它以不同的焦虑形式出现：回到非整合状态，在深渊里（$mise\ en\ abyme$），失去身心协作，人格解体，失去现实感，失去与客体连接的能力。这种崩溃的到来是因为，在灾难性的经历时刻，小我仍然非常不成熟，没有考虑到可能有助于整合过程的环境。

在进一步理解原始焦虑的过程中，我们有出生创伤——力比多失衡错乱的经历，而没有自我能够照顾它——我们对这一刻有一个元心理学的理解：第一驱力（死亡驱力）的行为能够导致这种错乱。现在让我们考虑一下客体的丧失。

原始焦虑与客体丧失

仍然在这一文本上，Freud 还是会说，出生的主要焦虑是与母亲的分离。我想再次引用，因为在 Freud 自己的作品中，我们发现了他对自己思想的澄清：

> ……焦虑被视为是婴儿心理无助的产物，而心理无助是其生理无助的自然对应物……正如母亲最初通过自己身体的器官来满足胎儿的所有需求一样，现在，在胎儿出生后，她继续这样做，尽管部分是通过其他方式。子宫内生活和早期婴儿期之间的连续性比我们想象中的令人印象深刻的分娩期更大。所发生的是，孩子作为胎儿的生理状况被与母亲的心理客体关系所取代。但我们不能忘记，在胎儿的子宫内生活中，母亲并不是胎儿的客体，而且当时根本没有客体。（Freud,1926d）[138]

Freud 随后描述了焦虑的两种来源：一种是无意识的、自动的，每当出现类似于出生的危险情境时就会出现；而另一种则是在这种情境有发生的危险时，自我为了避免它而产生的——在这里，自我把焦虑当作预防针，屈服于疾病的轻微攻击，以逃避它的完全力量；这是信号焦虑（signal anxiety）。

在 1926 年的文本 *Anxiety, Pain and Mourning* 的附录 C 中，Freud 将再次考虑客体丧失的知觉（作为焦虑的第一个决定因素），以及客体爱的丧失（这是后来发生的）这一主题，从经验告诉孩子客体可能存在，但也可能从对客体感到不安的那一刻起就存在了：

> 失去母亲的创伤情境在一个重要方面与出生的创伤情境不同。出生时没有任何客体，因此不会失去任何客体。焦虑是唯一发生的反应。从那以后，反复出现的满足感将母亲创造为一个客体；每当婴儿感受到需求时，这个客体就会受到强烈的贯注，这种贯注可以被描述为"渴望"……因此，痛苦是对客体丧失的实际反应，而焦虑是对这种丧失所带来的危险的反应，并且通过进一步的置换，成了对客体本身丧失的危险的反应。（Freud,1926）[170]

在我看来，我们这里有一个理论的重要时刻，因为 Freud 向我们展示了工作的必要性，这将允许将某种中性事物的残余（如他自己所说的）转化为母亲客体。这种转换将使创建这样一个客体成为可能。从创伤经历和存在-

缺席节奏的重复中，精神装置将存在创造客体表征的可能性。这里有我们所理解的为心理创造意义的特定行为。这个具体的行为就是爱欲的表现。这种满足和无助的体验，将允许他者的诞生，这是心理工作创造表征的关键因素。如果内驱力是由身体产生的，为了存在，它还需要与客体相遇，这是心理内和主体间的作用（Green，2002）。然后我们有作为创造者的具体行动，它需要另一个人来完成工作。

但我们必须明白，这将不是一次单独的经历、一个决定性失衡紊乱的瞬间，而是模式的重复，也就是说，婴儿一直强烈地感觉到母亲的缺席（虽然不构成与母亲的分离），每次动作都在可容忍的节奏之外重复，每次都发生力比多大量流失，以及创伤体验反复重演；然后，我们将能够谈论构成心理无助的创伤模式的重复。

原始焦虑、去客体化功能和自体毁灭

正如我们所知，为了象征能力的存在，生物经验必须通过心理来实现。身体所经历的将必须涵盖一个进步运动（渐进），该运动始于身体，找到一个客体，穿过无意识、前意识和意识的障碍，并呈现出一种表征的状态。我们都认为，当获得心理发展的条件时，这将是我们要经历的过程。

但如果这个过程被阻断了呢？是哪种力量阻挡了它？心理将会进行哪种倒退运动？

Freud 说：

如果是这样，在某个不可思议的遥远时间，以我们无法想象的方式，生命起源于无机物，那么，根据我们的假设，一定有一种驱力试图再次消灭生命，重新建立无机物状态。如果我们在这种驱力中认识到我们假设中的自体毁灭性，我们就可以把自体毁灭性视为死亡驱力的一种表现，它一定出现在每一个重要的过程中。（Freud，1933a）[133]

如果我们像 Freud 那样思考，我们理解原始焦虑还没有覆盖到转变为信号焦虑的过程，它将仍然是一种相当于无助的体验，遭受死亡驱力的行动，这阻碍了进步运动。我理解，对 Freud 来说，死亡驱力在其根源上有一个内部方向，它必须以积极攻击的形式向外偏转，从外部起作用，以保证内部生存。与此同时，我们可能会认为运动的失败或不向外运动会将其转回内部，作为精神毁灭的威胁。

André Green 通过他的去客体化功能概念，对 Freud 关于毁灭驱力的观点提出了补充，我认为这个概念是理解倒退运动以及原始焦虑体验的基础。

为了理解 Green 的这一观点，必须始终包括投资问题、生命驱力问题和死亡驱力问题。他将后者定义为去客体化功能，即对任何可能具有客体价值的结构的撤资。他的核心思想是，自我不能脱离与客体的交流而存在。这个客体所处的过程不仅改变了现有的客体，而且还增加了客体创造性进化的产物，然后加入了早期的客体。这种演变构成了这种主体性运动的产物，这种运动在去客体化中发生了逆转（Green，2007b）。与此同时，Green 说，由于其分离，去客体化功能使人们能够理解它不仅与被攻击的客体有关，而且与所有客体替代有关，例如，自我以及投资本身的事实都经历了去客体化的过程（Green，1984）。

Green（2007b）认为，Freud 所描述的自体毁灭，是由于拒绝或不可能为情爱的力比多需求留下自由空间而产生的结果。在这种情况下，死亡驱力以内疚、受虐和消极治疗反应的方式呈现，这些状态是由遏制情爱生命驱力的影响所产生的，这意味着对快乐参考的改变，以支持另一种需要满足的功能：痛苦。这三种状态（内疚、受虐和消极治疗反应）依次是死亡驱力介入的最初迹象和最大破坏的前奏，是自体毁灭执念的载体。

也许 Freud 会说，趋势朝向重新建立早期状态。对 André Green 来说，这里的区别不仅要考虑到快乐，还要考虑到驱力活动的演变，这将允许

……功能转化为客体，经历了一种变化，不再将客体与其主要品质（驱力的客体）联系起来，而是成为驱力的目的地，其中进化转化的目标不仅是

转化驱力的传承,例如,通过升华的方式,而且是继续进入一个最终的突变,通过允许自我攀登到一个独立的客体状态的过程的失败,使自我的许多所有物变得僵硬。(Green,2007b)[61]

Green 指出:"去客体化是指继续进行一种行为,这种行为会导致驱力的进化,使其失去处理客体最独特特征的能力。"(Green,2007b)[62] Green 将这一观点与 Freud 在《超越快乐原则》(1920g)中的假设进行了比较,在该假设中,Freud 认为死亡驱力是第一驱力的角色,旨在摧毁客体的第一笔投资。

1924 年,Freud 在 *The Economic problem of Masochism* 中提到,另一部分(死亡驱力的一部分)不参与向外的运动,而是留在身体里,在那里,它与性兴奋的鼓励有性欲联系。正是在这本书中,我们认识到了原始的性受虐。

原始焦虑和灭绝性退行(回归)/信号焦虑和进育运动❶

正如我们所看到的,Freud 已经证明,原始焦虑是淹没主体阻止其心理发展的原因。Bernard Chervet(2008)致力于研究后耦合的元心理学(Freud 在 1926 年的文本中也提到了这一点),并谈到了灭绝性退行,在我看来,这对理解原始焦虑至关重要。灭绝性退行是指回到以前状态的驱力趋势(无论是通过死亡驱力返回无机物状态,还是由于性欲向无限延伸),这是原始的和内源性的创伤源,后耦合的机制必须以强制性的方式处理。心理装置处理这种无声驱力冲击的能力,忽略了它将这种冲击转化为建构在心理中的感知数据的能力。如果没有这种变形,它将停留在一种不可变形的缺陷状态。这种转变至关重要。如果没有它,心理装置将继续被困在快乐原则之

---

❶ 向前、向后移动(*Nachträglichkeit*)是无意识心理过程的名词。随后发生的(*Nachträglich*)、后耦合(*après coup*)、时间性副词,在 Freud 的病因论中占有一席之地,并引入了不连续的时间性概念。从 1917 年,自从他认识到后耦合过程中退行的价值,Freud 放弃了使用名词向前、向后移动(*Nachträglichkeit*),这出现在他在 1897 年 11 月 14 日和 1898 年 6 月 9 日写给 Fliess 的信中(Freud,1895)。

外的焦虑体验中——我相信这个想法起源于 Freud（1920g）所说的自动焦虑，以及我所说的原始焦虑。

因此，就有了二次合成所需的进育原料的生产的需要。这第二次的作用是反创伤的，因为它使器官朝着获得品质（情感或事物表征）的方向前进。这一过程的必要性使命是将精神活动从原始焦虑中移除，从而赋予它生命。创伤性本身是通过将无声的内在威胁转移到危险情境中来实现的，这将产生一种可察觉的焦虑，即信号焦虑。这就是性别差异和父亲的谋杀在这一程序命令行动中的杠杆作用表现（Falcão, 2009; Kahn, 2009）。

灭绝性退行-过程命令式二元对立完全嵌入在 Freud 辩证法的阴影中。如果有一种走向负性的趋势（灭绝性退行），就会有另一种趋势（过程命令）维持存在。因此，过程命令迫使这种趋势在精神上铭刻趋向于消失的东西。裂缝岩概念（Chervet, 2008）出现在这里，它与进育运动和心理过程有关。这种裂缝岩突出了非线性的过程；在同时存在断裂的情况下，它包含了类似的想法。然后我们看到，灭绝性退行/过程命令二元为后耦合的过程奠定了基础。

在这里，Chervet 的观点至关重要。我们需要它们在患者被淹没在致命的驱力世界时帮助他们。通过移情，我们将被体验为客体，在他们的心理体验中，通过重复，通过灭绝性退行，趋向于去客体化。那么，作为分析师，我们将如何完成我们的艰巨任务呢？我们应该如何处理我们的原始焦虑？我理解，我们必须包括 *Maternal Reverie*（Bion, 1962）、*Work on the Negative*（Green, 1993）、*Private Madness*（Green, 1990a）、*Work as a Double and of Psychic Figurability*（Botella et al., 2001）等的著名观点，所有这些都是基本的。我知道，如果退行是无效的，那么在治疗期间，任何兴奋的可能性都会存在。在分析过程中发生的退行和兴奋的混合能够通过另一方（在这种情况下，即分析师），创造一些东西。分析师的身体也被召集到这个过程中，他也必须用语言表达原本可以沉默的东西。通常，当患者没有语言时，分析师将不得不发起、开始或创建一种语言。在构建这项工作时，还需要一种表征游戏（Winnicott, 1965, 1968, 1969, 1971），也就是说，需要这些表征在它们之间相互作用并具有功能价值（Falcão, 2008）。

需要连接，需要交换什么，需要允许交换什么，这与分析师和患者的驱力世界有关。那里有一些东西可以让我们获得穿过无意识以及分析师身体的运动。为了让这个游戏发生，我们必须明白，退行将在一个持续的过程中发生，这可能会抓住两个玩家，即这一过程的两个主角：分析师和患者。因此，这种转变比我们想象的要复杂得多。我们在这里想到的是由性欲孕育的进育运动。但当性欲消失时，我们会看到死亡驱力的行动出现。这种行动将跟随退行运动，或者，正如 Chervet 所说，将导致灭绝性退行（Chervet, 2008；Falcão, 2009）。

我相信，在该过程中，性欲有必要出现，并转变为一个基本的精神存在。在其他情况下，有一些时刻可以与身体的爆炸相提并论，没有任何精神意义（我会把它们比作 Green 所说的荒谬）。根据强度的不同，这种爆炸的成分可能会变成精神上的，也可能不是。它们可能仍然没有意义（这是没有象征的表征的失败）。如果有心灵化，就会有一个可能变得更强和更活跃的修通，这将允许退行和兴奋。这是我们在办公室使用的材料。

5 从拉康的角度对《抑制、症状和焦虑》的澄清和评论

莱昂纳多·佩斯金（Leonardo Peskin）❶

> 到目前为止，我们一直生活在焦虑中，现在我们将生活在希望中。
>
> Tristan Bernard（被捕后被带到但泽集中营的当天）
>
> 引自 Lacan（1953）

导言

《抑制、症状和焦虑》是 Sigmund Freud（1926d）在思想成熟时写的一篇文章。这涉及一系列理论上的重新思考，这些反思体现在这部作品中，具有典型的 Freud 式风格，即对旧思想进行"新的扭曲"，在不放弃之前建议的情况下丰富了新的建议。本书重新表述的一些主题是：焦虑的两种理论，都是主题性的；自恋作为一种新的自我概念的引入；关于驱力的不同理论；与心理模型相关的阻抗的理论体系，特别是标题中的三个临床维度——抑制、症状和焦虑。

---

❶ 莱昂纳多·佩斯金是一名医学博士、精神分析学家、IPA 正式会员和督导培训分析师。自 1982 年至今，他一直担任 APA 研讨会教授；为 API 正式成员；多所大学的研究生和博士课程教授。

我将在 Jacques Lacan 的建议指导下概述这一文本的一些要点，Lacan 最大的优点是，在四十余年中促进了 Freud 作品的回归，在形成自己作品的同时回顾了 Freud 文集，无论是在他举办的研讨会上还是在他的作品集中（1966—1967）。凭借着兴趣，他推动了 Freud 作品的法语翻译，并创作了关于 Freud 术语和概念的有价值的散文和词典，如 Laplanche & Pontalis（1967），这仍然是一个重要的参考文献。

他还对 Freud 的病史进行了详细的检查和批评，这些病史构成了 Lacan 临床的基础，他以 Freud 的神经症、变态和精神病为基本实体。很明显，一系列的临床表现超越了疾病学，精神分析在其中取得了进展并试图解决这些问题。然而，Lacan 思想的这些进步使其在任何时候都不会忽视 Freud 的视野，尽管有几项建议似乎超出了这个极限。他还强调了欲望、驱力、移情、重复和无意识本身的作用。他总是回顾和尊重 Freud 的主张，但根据他自己的分类重新解释这些主张，试图使精神分析更接近其他学科，如哲学、语言学、数学等学科，重新开启关于精神分析是一门科学还是一种实践的认识论争论。

Lacan 从他命名的三个界域（register）为基础的元心理学概念开始，即想象界、象征界和实在界。虽然我们看到它们出现在他作品的开始，但他逐渐强调并扩展了它们的品质。并区分了强调这些参数的历史时刻。然而，它们只能被认为是共存的，所有的人类现象都应该从这三个角度来考虑。当我们将这些界域应用于读取时，它们如何相互作用、相互定义和相互限制就变得很明显了。

想象在某种意义上是心灵的同义词，是心灵功能开始的基础。没有想象的作用，就不能建立现实，而当它的作用发生重大变化时，我们就会发现"空虚的临床"，即感情和存在概念的缺失。这当然发生在更严重的疾病中，如精神病、孤独症或忧郁。这种动力性现象最明显的是在婴儿中（没有语言）。

Lacan 的自我（*moi*）主要是想象的，但值得注意的是，这样的界域超越了自我的概念。自我是作为一个意象向前发展的，它从一开始就与真实的驱力联系在一起，并在父母的言语和文化的支持下开始运作象征，这保持了自我的配置。他还让我们不要忘记 Sigmund Freud（1914c）的《论自恋：一篇导论》中的"新精神行为"（new psychic act）。自我相信"它"是在镜像影像❶中被创造出来的；这是一种不正确的形态，它相信自己是这样的，并且能够从这种对自己的理想化中得到这种形态。无论自我何时运作，它都伴随着它在他者中的反映。当婴儿被看见并希望被看见时，它持续地处于一个他者（母性的）之中；如果缺少这一点，个体就会以一种非常令人不安的方式感到它已经消失了。使它能够在他者的异化之外持久的东西不再是这个界域的一部分，它从象征中要求界域空间，当它运作时，它象征并构想了一种缺席和最终的恢复。让我们记住 Freud 著名的"fort/da"（Freud, 1920g）中的卷轴游戏。"fort/da"将是主体得以被构建的能指，缺席可以被命名，也可以被游戏。Freud 强调，悖论在游戏中扮演着重要角色；在这个悖论中，从征服开始，人们追求的是缺席而不是在场。这让我们超越了快乐原则（Freud, 1920g）。当我们回到实在界时，我们将添加更多关于这一重要悖论的内容，这一悖论在 Freud 思想引入死亡场景时，彻底改变了 Freud 的思想。

很明显，这种对自我的描述与 Freud 关于自恋的建议有关：理想的自我和快乐的自我（Freud, 1914c, 1915c）；包括自恋与死亡的关系，通过与驱力程序直接联系，并寻求全面解放。

对于 Lacan 来说，这是自我功能的唯一形式，并将其提升为无知和否认的实例；他不认为这是分析任务中的一个可靠盟友。毫无疑问，很明显，在任何人类生产的任何描述和临床方法中，这都是不可能的。考虑到完成自我意象的困难，出现了攻击现象，任何挫折的经历都归因于这种风格。这就是许多临床攻击事件的构思，不应将其与暴力或仇恨混为一谈，因为它们有其他根源。这种攻击的顺序在临床上与死亡本能或破坏欲望无关，这与其他界域相对应。它们不可能总是分开的，但在临床自我中，攻击是热情的和短暂的。仇恨需要有象征性欲望支持的组织，当涉及其死亡方面的驱力时，它可能具有直接损害的邪恶沉默，或者在某些身心疾病中发现的无情暴力，或者对他人或他/她自己的毁灭，正如其在通往自杀或偏执杀人的忧郁行为中所

---

❶ Lacan 借鉴了 Henry Wallon（1965）的经验，他描述了幼儿的镜像现象。

操作的那样。

象征是在缺乏本能的极端情况下基于帮助人类的语言组织。作为象征组织的语言，来自 Lacan 所说的他者 ["大他者"（Big Other）]，以区别于他者 ["小他者"（Small Other）]，而后者是幻想的。由于人类这个物种缺乏适应和生存的可能性，人类对其所处的象征性宇宙设置了标准。无意识被视为这个他者跨越一切成为主体的方式。所谓的"父之名"，是作为能指和潜抑的秩序者的父亲功能的产物；它的缺失，被称为解抵押，由于无法稳定主体与能指的关系，从而决定了精神病，因为它无法在他者中找到一个位置。

主体是一个基本的理论名称，它表征了人类作为无意识主体的象征性实现。这种无意识是一种与语言结构密切相关的象征——想象组织。无意识本身将被构造为一种语言，本质上由能指组成。

作为第三种界域的实在界，既不是象征的，也不是想象的，它与驱力密切相关，特别是与驱力在理论上所追求的所谓"客体小 a"密切相关。在 Freud 的范畴中，我们要处理的是驱力的客体，以及它引起欲望的运作方式，这取决于象征（也就是能指）如何回应驱力的推动。因此，"客体小 a"的定义之一就是欲望的起因。

仅仅概括了这些复杂的参数，焦虑就被认为是一种原始的情感或情绪，与真实的直接实现有关，没有象征-想象的衰减。其余的情感或情绪来自主体在象征分支中所采取的立场，与驱力的真实立场相比。自我提供了事实的情感想象版本。它是一个敏感的情绪极点，既可以作为一种心理表现来体验焦虑，也可以根据受试者如何克服欲望和（或）动力来构成其象征性位置来表达快乐、悲伤、喜怒无常、愤怒或其他情绪。据此，我们推断出不同的心理机构：自我作为一种新兴的想象，它不同于主体，它反映了无意识的运作，作为一种象征性支持，以及与实在界相连的驱力，它会调节任何体验中的心理反应。

潜抑是无意识和象征机制的一个基本方面（最重要的）；随着俄狄浦斯情结的解决，它将衍生出象征的可能性。主体的构成和所有程度的他者性（象征的和想象的），是如何解决这三个界域的平衡，以及各自理论和临床的实例。主体、症状、阳具、客体小a以及他者，是这些配置的一些特征，我将会提到。

在第十次研讨会"焦虑"中，Lacan（1962—1963）在一个方框里列了数轴，这个方框用来理论化与驱力有关的可能的主观定位，特别是与"客体小a"有关的主观定位。当存在此驱力客体时，会出现焦虑（见图2-1）。

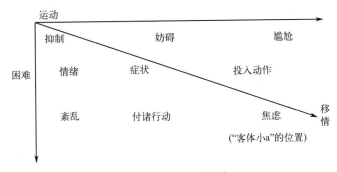

图 2-1 移情的对角线

引自：Peskin（2008a）[182]。这张图的概念来自 Jacques Lacan 的研讨会 X（1962）、XIV（1966）、和 XV（1967）。它描述了移情的对角线，并放置了"客体小 a"

随着主体远离焦虑，并根据其行为方式，出现其他情绪或症状的替代品和抑制。

在这个系统中，焦虑最接近实在界，这对自我和主体来说是一个"不可容忍"的位置，他们会通过行动或症状的形成来找到结果。除了焦虑之外，取决于（自我和主体在该系统中的）位置，其他感觉或情绪和抑制的"安静"会出现。

请注意，参照图 2-1 中"客体小 a"和焦虑，移情与分析师在临床的位置有关，因此分析应该会引起一定程度的焦虑。

付诸行动和投入动作值得独立为一章。Lacan 直接将它们与焦虑联系起来，通过运动的方式寻求从驱力的迫切性中解脱的两个出口。付诸行动被限定为"无意识思维"的一个阶段，作为本我中异化的行为通道。它们是重要的临床选择，因为它们使移情方向复杂化，但在某种程度上，在每一种治疗中它们都是被预期的。分析总是涉及分析师的移情，但并不总是提供避免这些偏离轴心移情的主体性的理想条件。如图 2-1 所示，移情的轴线从对实在界的重复和强调，到通过象征性移情治疗的升华作为一种出路。让我们考虑一下，这种付诸行动和投入动作使路径发生转向，以及在某些情况下对被分析者的威胁。

有了这些指导方针，我将对 Freud 的文本进行评论。以下标题的罗马数字是《抑制、症状和焦虑》中各章节的罗马数字。

I

Sigmund Freud 提出了自我对冲突的抑制和回避。从 Lacan 的角度来看，自我不是中心人物，而是构成驱力原因的主体异化的反映，因为这会引起焦虑。在结构性结果之前的自我态度将是对冲突的否认，但退缩或回避的动力更多是为了通过象征操作加强潜抑；这使得主体的形成远离驱力或欲望。自我可以通过在那种心理操作中"变得不感兴趣"来加入这种距离。很明显，对于 Lacan 来说，自我的中心作用总是次要于象征手段所实现的解决方案。这并不是说自我没有影响力，因为它是焦虑的受害者，但它不会有自己的资源来引起结构变化。

Lacan 的理论是，操作是重要的，这是无意识如何工作并产生变化的意义，因为它是这样组织的。有趣的结果是能指是如何被明确表达并产生意义的。

II

在第二章中，Freud 回到了焦虑和潜抑之间的关系。他认为："自我是焦虑的真正根源。"（Freud, 1926d）[93]

对 Lacan 来说，潜抑是在他所谓的阳具的意义中建立心理功能的可能性。这意味着缺席和在场的原始分类是作为获得象征的条件而建立的。他遵循 Freud 的思想，在这种思想中，承认在解决阉割情结时拥有或失去阴茎是所有其他象征性操作的基础。如果没有这种最初的意义，就无法放弃任何东西，也无法构建欲望。

与神经症中焦虑的出现有关的一句格言是，当"缺乏就是缺乏"时，这种情况就会出现，因为这是一种有缺乏的结构性需求，如果没有被感知到，它就会打断真实，成为一种什么都不缺的东西，这是可怕的。一个临床例子是厌食症中的母性过度，这是极其有害的，因为它没有让位于孩子的欲望，因为她没有欲望，却被欲望按其方式驱使。Lacan 会说，厌食症是"什么都不吃"的欲望。❶ 我们回到了对父性操作的需求，以限制母性的过度。

至于焦虑是一种继承而来的既存状态，并由当前环境激活的观点，这将被视为似乎实在界的界域总是预先存在，总是作为一个有待解决的维度存在。从主体的起源开始，实在界就超越了象征-想象的可能性，在主体诞生的历史中以及在文化的起源中都得到了表现，它被放置为潜伏的事物或作为令人不安的未驯服的扰乱。这将是一种理解 Freud 原始幻想的方式，考虑到缺乏本能的生物学特征，故把它们的生物遗传来源看作一种倾向；那么，在每一种文化和每一个个体中，总会有一项任务有待解决，那就是给一个限制、隐藏现实的现实和实在界之间的差距排序。任何形式的焦虑都是"实在界的想象面孔"（Peskin，1988）。

Freud 将焦虑置于超我形成之前；同样有趣的是，他认为焦虑在潜抑的动力过程中具有一定价值。这对于将焦虑和潜抑定位为一个结构事实，特别是独立于第二个主题形成的原始潜抑，具有重要意义；这些都与焦虑和潜抑有关，但可以被认为是自主的，正如 Lacan 所提出的那样。

Ⅲ

在本章中，症状被认为是不属于本章的问题，是必须解决的产物。由于自我和本我都被描述为相同的张力——在某种程度上，我们可以按照这个顺序将超我放在这个范围内——症状的异质性可以与这些其他类别联系起来考虑。一种思维方式是，症状是源于无意识意义的主体的净产物。

---

❶ Lacan（1956—1957）研讨会Ⅳ之第 11 课："不是关于不吃，而是不吃任何东西，这意味着什么都不吃。"

这意味着我们看到了这两个主题之间的交集,正如 Freud 自己在第 31 届会议上概述的那样:"精神病性人格的分解。"(1933a)自我、本我和超我作为自恋组织的一种途径,与象征性他者即文化的影响相交叉,这是潜抑的来源。

我们所期待的自我是一种想象形式的精神功能,它试图化解来自现实的冲击,本我是驱力的真实,超我是这些安排或混乱的平衡。但是,在身体的驱力和出现的心理之间的这种相遇的可能性,是在原始潜抑的基础上,对象征性代码的假设。其复杂性不能简单归结为不同的组成部分,因为它们相互作用、相互影响,建立了来自不同起源和操作规则的多种元素的辩证法。其中一些组合具有先前的逻辑状态,该步骤决定了先前未出现的其他元素的出现。例如,超我是混合的衍生物,其来源是实在界的本我,只有当无意识从原始潜抑中运作时才能定义。当潜抑起作用时,它就成为了象征秩序的法则,而这种法则通过改造理想自我而与自我理想的确立相互作用。然后,超我最终由实在界的驱力("客体小 a")、在律法中采取的非常特殊方式的象征(若是偏袒的则律法毫无意义),以及作为想象向导激励自我热情追随的自我理想组成。超我将有一个非常矛盾的组成,它被配置为所有未解决的事情,作为部分倾向它会拉扯自我,并提议出口,在最好的情况下是神经质,而在其他情况下,如忧郁,则是精神病性的,甚至是"纯粹的死亡驱力文化"(Freud, 1923b)。

至于症状,尽管我们需要解决它,因为它旨在表达主体性,但人们认为,正是在它的转变中,才能观察到所实现的变化。在分析开始时,症状被放置在移情中,正是在这一点上,才有可能在主体与欲望、潜抑和驱力的关系中运作,以至于移情被定义为"无意识现实的活现"(Lacan, 1964)。预期在分析过程中,症状将发生转变,并出现一个新的概念:圣状(Sinthome)(Lacan, 1975—1976)。简单地说,就是主体接受症状,通过接受症状来识别他或她自己,并将其转化,使其不再是难解的、不一致的或自我失调的。更确切地说,它将成为两种趋势之间的一种新工具,这些趋势是为了服务于主体所生活的现实发生变化的可能性而产生的,从而导致从分析所促进的新的"创造"中升华,或者通常是一个主体,即使没有分析,也能克服冲突。最经典的例子是艺术作品，但也可能是主体的发明，这样他们的冲突就解决了他/她所栖居的现实中的一些问题。这就是症状转变为圣状的原因。

IV

在这一章中，Freud 提出了两个典型的恐惧症案例，即小汉斯和狼人。在这里，对于相同的症状和相似的焦虑症的治疗，有着非常不同的临床构成。第一焦虑理论源于"驱力"兴奋的障碍（当前神经症）或未解决的驱力（自动焦虑、焦虑神经症、疑病症），这仍然是可能的，尽管第二焦虑理论，即受阉割影响的信号焦虑，也被着重强调。

我将综合主体所采取的立场，即从象征的角度来处理它的性身份定位。主体被构成为另一个能指，在他者能指的符号链内。因此，它的定位与一系列的理论元素（包括阳具）将发挥作用，以确定其性取向。我们必须强调，这个定义是在自恋轴的相互作用中做出的，自恋轴包括自我、理想和驱力（"客体小 a"），与基于父之名的能指而排列的象征链的相互交织。这使得主体在一个选择中向成为一个男人或女人认同，不管他们的生理状况如何，并将其置为阳具或欲望客体来发挥这种归因。这些可选的位置使它可以扮演伪装的其余部分，但这些位置的决定因素更多地与客体的选择和享乐（jouissance）的方向有关。这些相对性使得同性恋作为一种替代品本身并不是一种结构，但正如 Lacan 所说，言说者在逻辑替代品中处于一个或另一个位置的方式，无论他们的生理状况如何（Lacan，1972—1973）。稍后，我们将看到这种明显无意识的选择所产生的象征性的想象操作。

这就是阉割的方式，被理解为一种象征性的操作，同时它促进建立了无意识的潜抑障碍，从而制定了关于男女差异的规则。

V

至于症状，这是一种象征性安排的尝试，以补偿潜抑的失败，这种安排涉及自我作为象征性失败的想象替代。如果主体以强迫性的方式出现，那么在这种安排中，欲望被认为是一种不可能实现的东西，然而它仍然通过一种

Lacan 称之为拖延的机制来维持。自我试图保持能够解决这种冲突的表象，代价是表现出某种隐藏的镇定。简而言之，强迫者用自我的"美言"为延迟辩护，说"欲望是不可能的"，但却有神经质的肛交快感来控制局面。因此，自我的渐进限制可以理解为服务于症状的增加，在症状增加中，主要获益得到最大化。在 Freud 的其他文章中强调的超我的突出作用中，我们看到的是通过超我享受的驱力，而不是主体或自我（Freud, 1915c）。

Lacan 使用的术语"享乐"（*jouissance*）与使用权、权力或支配权有关。如果这是由驱力控制的，那么它与达到欲望或其他象征程度的情况不同，因此提出了多种享乐。享乐与快乐不一致或独立于快乐；在它的"纯粹"形式中，它将是驱力在其死本能方面的表达，通过与象征想象联系在一起，它涉及所有形式的人类生产。

VI

在不同的临床实体中，自我扮演着不同的中心角色，比如在强迫性综合征中，自我是一个积极的遮瑕者，由于缺乏象征资源，它提供给自己的东西似乎没有真正的固着，因为自我是纯粹的想象。象征失败是指神经症中父亲功能在某种程度上的潜抑无效。所有神经症的特征都是父之名作为主体运作的秩序者和调制者功能的失败，然而，在每种综合征中，失败的模式和建立主体的解决方案是不同的。在强迫性神经症中，自我表现为对合理化的拙劣模仿，给人一种象征性的印象，其目的是想象的伪装。在癔症的状态下，自我寻求弱化，作为一种被动的策略，作为一种不同的模式，在面对无法解决的冲突时，将自己从责任中解脱出来。在强迫性神经症中，我们看到了自我的最终瘫痪，正如 Freud 所强调的那样，由于过度的反刍而无路可走，给人一种很大程度上处理解决冲突的表象，而这种冲突并没有解决。在癔症中，瘫痪表现为对痛苦过度反应的美丽的冷漠，或被动性付诸行动，或者是任何设法掩盖缺乏解决方案的方式。

这种方法后来在 Lacan 的观点中发生了变化，自我仍然只是一个自恋的想象实例，但它具有可能替代象征功能的价值，特别是对于获得一般想象的重要性，以抵消它在象征上无法解决的问题。另一方面，正如我们将在

Freud 身上看到的那样，他指出冲突不仅取决于象征性的无意识实例，还取决于本我的性质和相对强度。

最终 Lacan 认为这是三种界域的结合形式，因为每一种都有它自己的重要性和突出性。因此，在这种形式下，理论上的高估点不再像以前那样具有象征意义。

VII

在这里他提出了一种危险情境以及它与客体丧失和阉割的关系。焦虑表现出与实在界的创伤性中断有关的一个方面，这可能是一个客观的创伤事件，就像出生创伤一样。但在 Freud 的思想中，这种驱力本身就是一种创伤，因为它萦绕在无法逃离的自我中。这种没有任何原始意义的压力具有重要意义，因为它通过激活欲望而成为精神装置的一部分。象征系统赋予驱力的攻击以不同的意义，因为它在主体构成的不同时期被引入。口腔、肛门、凝视、声音或它们的组合将是可以达到具有阳具意义的形式，因为这种意义是通过俄狄浦斯期过渡建立起来的。焦虑是创伤的见证，同时也是寻求解决驱力目的地的转变的标志。

焦虑是一系列丧失风险中不同类别的潜在意义的一部分，最终作为阉割焦虑的背景。自我所赋予的意义，从心理无助的恐惧，到客体丧失或客体爱的丧失，再到定位在阳具意义上的阉割焦虑。能够克服主体一系列焦虑并成功解决神经症的方法是"谴责审判"。

Lacan 对阳具主题进行排序，从根本上将阳具与阴茎分离。生殖器在某种程度上具有一种可以想象的价值，象征被安装，而这种价值被归因于它将为自恋意象的美妙和幻觉的完成提供快乐。他通过附加"阿加玛（agalma）"这个名字来介绍它，这个名字来自希腊，用来在某个地方定位理想的客体，而这个客体将填补自我，并指的是想象平面上的阳具意义。特别是他在移情中对分析师的理想化中考虑到这一点。那阿加玛的光芒照亮了驱力的客体——"客体小 a"，这将是同一个客体，没有象征-想象的面纱，那会引起焦虑。阳具能指支配着想象滑动的范围，即价值赋予的范围，它就像父之名（the Name-of-the-Father）的象征运算符，或 Freud 律法的概念。这种象征的因素将通过避免狂躁的狂喜或在忧郁中 agalma 客体完全消失来调节界限。这种象征性的秩序的重要性在于，它设法为自我提供稳定，从而能够将驱力的客体（"客体小 a"）置于潜抑之下。然后，"客体小 a"作为欲望的起因而不是作为一个令人不安的客体来运作。

如果驱力成功地被"能指的峡谷"所引导，也就是说，潜抑以适当的方式被运作，它通过欲望的方式来表达，如果这是合法的，它可能是行为实施的驱力，而没有极端冲突。当这条道路因驱力与充分潜抑的相互作用而变得复杂时，超我就会作为一种附带现象出现，虽然它旨在秩序化，但最终更多地为复杂化和殉难服务。这是一个退行的形象，可以被限定为"反常的父之名"（Glasman, 1983），作为父之名的个人失败，它没有使超我的发展中立。变态被认为是主体性的一种模式，在这种模式中，想象以否定为代价创造价值，允许在神经质中被禁止的满足路径。我们要强调的是，我们称超我为变态，并不一定是在这种情况下主体被施虐地对待。我们也认为，施虐狂是 Lacan 的典型变态模式，因为它试图取代"客体小 a"的角色，使他者成为殉道者。后来他说受虐狂比施虐狂更典型。

Lacan 提议跨越 Freud 关于阉割焦虑的"基石"，试图将主体与驱力的关系超越父之名的结构所建立的限制。这一建议不同于 Freud 在《可终结与不可终结的分析》中所提出的建议（Freud, 1937c）。

Ⅷ

在 Freud 对女性的"性别"焦虑这一点上，"爱的丧失在癔症中的作用与阉割的威胁在恐惧症中以及对超我的恐惧在强迫性神经症中的作用大致相同"（1926d）[143]。阉割情结在男人和女人身上是非常不同的，必须从生物条件中脱离出来，男人和女人，在言说的存在中把它当成男性和女性，而不管生物性别。

他对于焦虑作为一种信号和主观的客观危险没有区分，这导致 Freud 阐明，焦虑不能在现实方面正确地指导主体（Freud, 1917e），特别是神经症。这是一个与主体幻想形成方式有关的信号，在某种程度上与该文化中更普遍的幻想有关。

幻想的概念是由 Lacan 强调的。通常被称为的幻想❶，指的是主体与驱力的客体（"客体小 a"）保持的距离。通过能够将这个客体置于幻想中，该客体可以以一种易于主体构思的方式来表达，使其适应与欲望相关的象征-想象角色。可以说，人类的现实是用幻想的逻辑规则组织起来的，因为它被建立起来监视现实中包含的这些客体的真实。主体通过与驱力联系在一起，在一个连续的运动中接近和离开，在来来去去的过程中，这将实现一种与它所决定的东西不太近或太远的关系。这可以稳定到它通过无意识来调节象征秩序的程度；当这没有发生时，主体或者太过接近驱力（焦虑、身体表情、悲伤、疑病症、忧郁等）或者太过远离驱力（躁狂体验、不真实的感觉、失去理智的感觉等）。在某种程度上，在分析的过程中，人们寻求改变主体与"客体"关系的效果，这被称为"幻想的摇摆"。假设在分析过程中，这种关系的逻辑被破译或构建，则被称为"穿越幻想"。这产生了一种本质上符合语法的逻辑结构，即《一个被打的小孩》（Freud，1919e），它将主体置于与其客体相关的动作中，并根据其配置方式：它可以是口欲的、肛欲的、窥阴癖的等。

IX

通过将症状定位为一种替代形式，Freud 打开了将其归类为隐喻的可能性。Lacan 将语言学的隐喻与转喻相互作用，并分别命名为 Freud 式的浓缩和滑动。隐喻是一种替代，是另一种能指（词对词），转喻是部分对整体（词代词）。潜抑作为一个系统是基于隐喻的，就像"父之名"的隐喻取代了"母亲的欲望"。正是在这种理解下，俄狄浦斯的决议，作为象征能指操作的提名取代了被定义为"物"的东西（Peskin，2001），作为丧失的客体，将继续存在，作为欲望的原因。Freud 所描述的症状的两个方面都提到了这样一个事实，即"客体小 a"被症状潜抑着，由于症状的象征性解决方案加强了当时失败的潜抑，成功地将自我从焦虑中提取出来。但正如它被描

---

❶ 在法语中，"*fantasme*" 对应英语中的 "fantasy"。Lacan 使用这个术语来指代"幻想"的口语化用法，并指代 Freud 的幻想概念，以及命名"基本幻想"的新概念，他用语法逻辑来对此进行描述。通常当他说幻想时，指的是基本幻想的意思。

述的那样，被潜抑的东西在我们看来是扭曲的。

症状是话语的一部分，在这种话语中，临床实体被定义为：恐惧症是"被阻止的欲望"，癔症（歇斯底里）是"未被满足的欲望"，强迫性神经症是"不可能的欲望"，变态是"明显的享乐意愿"，精神病是"对女人的追求"（将其理解为精神错乱试图掩盖的无言快乐）。所有这些模式在主体的话语、症状、无意识的产生和联想中都是显而易见的。

X

本章介绍了重复作为驱向死本能（Thanatos）的一种趋势。在第一种方法中，Lacan（1955—1956）将重复定义为象征装置的重复品质，借鉴了 de Clérambault 的说法，他将所谓的"心理自动化"描述为重复象征装置的自动重复操作的趋势。这与 Freud 提到的自动化有关。后来，它被称为"继续不登记"的实在界的坚持。至于数量因素，不是以物理学的形式被接受为客观力，而是被认为是三个界域缠绕的假设中有逻辑地相互作用的因素。在这方面，互补序列和认知重构被强调为理解事实的重要概念。

XI

"焦虑与期望有着明确的关系：它是对某事的焦虑。它具有不确定性和缺乏客体的特点。"（Freud, 1926d）[164-165] 后 Freud 学派倾向于强调这种"客体的缺失"；另一方面， Lacan 将专注于"事物表面"作为"客体小a"的在场。

当前现实客体的消失所产生的焦虑指的是这样一个事实，即驱力在那个地方存在，它"要求"丧失的东西象征-想象地存在。只要丧失的东西被带走，悲伤就会出现，而悲伤所带来的痛苦也会随之而来。

在 1958—1959 年间， Lacan 表示：

换言之，实在界的空洞是由真实的丧失造成的，这种对人类来说是无法忍受的丧失，在哀悼中导致了实在界的空洞，我发现，在我以拒认（Ver-

werfung）的名义在你们面前宣传的关系的反向关系中，丧失具有同样的功能。（未发表）

关于哀悼，我们可以做出超越这一评论范围的具体发展，但简短地说，它将围绕着无意识的工作，通过象征性地创造失败来限制通往现实的洞。重要的是，它描述了主体的功能与丧失的东西之间的关系。特别是，如果哀悼是关于死亡的，那么主体在哀悼中能指的"客体小 a"是不再存在的东西。

6 焦虑的精神分析理论：重新考虑的建议

爱德华·纳塞斯安（Edward Nersessian）❶

重要的是要记住，从一开始，精神分析理论一直是关于无意识冲突的。从早期开始，在 *Studies in Hysteria*（1895d）中，Freud 写道："患者的自我被一种被证明不相容的想法所接近，这在自我方面激起了一种排斥力量，其目的是防御不相容的想法。"尽管他对卷入冲突的对手的理解发生了变化，他一再修改焦虑的概念，但心理冲突仍然是 Freud 理论中最重要的核心元素。同样，症状是对立冲动和达成妥协之间斗争的结果这一命题可以追溯到 Freud 发现的早期。到 1900 年，随着《梦的解析》（1900a）的出版，他基本上奠定了基于冲突、防御和妥协的理论的基础，将梦作为所有心理功能的模板。

即使 Freud 试图理解和解释诊室里的数据，但他仍然专注于心智和大脑之间功能关系的更大的认识论问题。他关于元心理学的论文是他最后一次尝试创建一个总体理论，来解释心智和大脑的基本工作，包括感知、意识和记忆等基本特性。然而，当时对大脑的工作原理知之甚少，他的项目也无法成功实施。他放弃了这一努力，并于 1923 年出版了《自我与本我》（1923b），将重点完全转移到了心智的功能和结构上。为了将心智从大脑中解放出来，他创建了一个具有三重结构的虚拟心智模型，并将其标记为本我、自我和超我。

---

❶ 爱德华·纳塞斯安是威尔康奈尔医学院精神病学临床教授、培训和监督分析师，纽约精神分析研究所联合创始人兼联合主任，菲洛克特想象研究中心杰出的终身院士，《神经精神分析杂志》联合创始编辑和《精神分析教科书》联合编辑。

通过创造这个虚拟装置，Freud 找到了一种方法来研究心理状态的各个方面，并使自己摆脱了对当时神经科学的依赖，因为这些依赖不足以解释他的发现。然而，由于他是从无意识冲突的理论开始的，新的装置必须被设计成为冲突中的心智提供一个虚拟的解释模型。这一理论不仅用来解释症状，还用来解释性格特征、病理学和常模，众所周知，它在近 90 年的时间里一直被阐述、解释和修改。Freud 在 1938 年夏天是这样描述的：

我们假定精神生活是一种装置的功能，我们认为这种装置具有在空间中延伸和由几个部分组成的特征——我们把它想象成望远镜或显微镜或类似的东西。通过研究人类的个体发展，我们已经获得了关于这种精神装置的知识。对于这些最古老的精神行省或机构，我们给予本我等名称。（Freud, 1940a [1938]）

在《自我与本我》出版后，尤其是在 Freud 去世后，人们的注意力大多集中在自我上，Anna Freud 的 *Mechanisms of Defense*（A. Freud, 1966）、Waelder 的 *principle of multiple*（Waelder, 1936）和 Hartman 对自我功能的描绘促成了这一趋势。"本我"并没有得到同样程度的关注，正如 Freud（1940a [1938]）下面所表明的那样，它确实是一个有问题的概念：

毫无疑问，力比多有肉体的来源，它从身体的各个器官和部位流向自我。这在力比多从其本能目的被描述为性兴奋的那部分的情况中最为明显。产生这种力比多的身体最突出的部分被称为"性欲带"，尽管事实上整个身体都是这种性欲带。我们对性欲的大部分了解——也就是说，关于它的指数，力比多——是从对性功能的研究中获得的，的确，根据流行的观点，即使不是根据我们的理论，它与性欲是一致的。我们已经能够形成一幅画面，描绘出性冲动是如何逐渐发展起来的，这种冲动注定会对我们的生活产生决定性的影响，它是由代表特定性欲带的若干组成本能的连续贡献形成的。

对自我以及它抵御禁忌冲动的各种方式的强调，将重点放在了焦虑上，因为在其信号功能中，它表明了即将到来的危险，无论是力比多的还是攻击性的。

在精神分析中，情感和焦虑经常被交替使用。因此，简要回顾一下Freud的情感理论，可以作为考虑焦虑及其作用的起点，尤其是在《抑制、症状和焦虑》中所描述的（1926d）。

在Freud关于情感的思想演变过程中可以看到三个阶段。在最早的阶段，Freud仍然对宣泄在缓解癔症症状方面的作用印象深刻，他认为驱力和情感是同义词。在这种模式下，情感或驱力的建立是导致症状的原因，而情感配额的释放被视为治疗性的。但在他写《梦的解析》时，思想也开始扮演重要的角色。愿望不仅仅是一种动力，也可能是一种思想。这开启了他思想的第二阶段，在这一阶段，情感和思想都是驱力的表现，而情感不再与驱力相同。此外，情感成为释放驱力能量的一种方式。在关于《论潜意识》的论文中，Freud（1915d）最清楚地阐明了情感和思想之间的区别：

所有的区别都来自这样一个事实，即思想最终是记忆痕迹的集中，而情感和情绪则对应于释放的过程，释放的最终表现是感知的感觉。就我们目前对情感和情绪的认识而言，我们无法更清楚地表达这一点。

重要的是要记住，在这一点上，Freud仍然强烈主张情感的无意识本质，他认为情感只是潜在的，因此与以无意识形式存在的思想不同。

这一演变的最后阶段，也是最持久、最全面的阶段，是继上述虚拟心智的创造之后，在1926年出版的重要著作《抑制、症状和焦虑》中开创的。在这部作品中，他不再认为情感是无意识的，而是赋予了情感一种信号功能。正如 Rapaport（1953）所描述的，被阻止释放或抑制的情感负荷不仅作为一种潜力存在，而且是"结构化的"。在这一新理论中，为了防止更大规模的释放，而释放了少量的现在是焦虑的情感。因此，作为信号的少量行动可以调动自我的防御能力。此外，在这个新的概念中，Freud 在某种程度上明确地指出，自我成为焦虑的根源，不再有"本我的焦虑"。自我不仅产生焦虑，也感到焦虑，而且在这个图式中，它还启动了防御过程。然而，如果我们仔细观察自我的这种特殊功能，我们会发现它带来了一个棘手的理论困境：如果自我是防御新兴冲动的机构，为什么它也必须产生信号？为什么同一机构需要发出信号，然后动员防御？为什么不只是动员防御呢？也许 Freud 本人并不完全满意这种表述，因为在《精神分析新论》（*New Introductory Lectures on Psychoanalysis*）（1933a）中，他做了以下深奥的陈述：

自我意识到，一种新出现的本能需求的满足会让人想起一种记忆深刻的危险情境。因此，本能的贯注必须以某种方式被压制、停止、变得无能为力。我们知道，如果自我很强大，并将相关的本能冲动吸引到组织中，那么它就能成功完成这项任务……因此，自我预见到有问题的本能冲动的本能满足，并允许它在危险的恐惧情境开始时带来不愉快的感觉的再现。有了这种快乐与不快乐原则的自动化运作，危险的本能冲动就被抑制了。

通过这些话，Freud 似乎不太清楚自我是焦虑的根源，似乎暗示本能冲动是不愉快感觉的来源。因此，自我利用本能冲动来促进防御。

这里重申了快乐-不快乐原则的作用，这是《抑制、症状和焦虑》中建议的基础，也是精神分析理论中的一个基本概念。冲突、防御和妥协只能在这一原则范围内概念化，因此需要对其进行仔细地重新审查。考虑到 Freud 写作时科学知识的状态和内稳态理论的中心地位，快乐和不快乐在不断实现心理平衡的互惠努力中是密不可分的，持续的相互这一想法似乎是自然而直观的。在早期的精神分析中，如果驱力的张力增加，就会导致不快乐，而当这些张力被释放时，就会导致快乐。尽管这一早期观点后来得到了重大修改，但需要认识到，这一原理本身是其时代的产物，即以类似的基本生理学和神经生理学为模型，对心理功能进行了非常广泛的概括。

然而，随着20世纪的发展，尤其是从20世纪50年代末开始，关于大脑如何工作的发现开始快速发展，到后半叶，神经科学已经成为一门多方面的学科，包括神经解剖学、神经生理学、神经生物学和神经心理学。这些发现以相对较快的速度出现，对一些精神分析学家来说，这些发现显然有助于推进精神分析理论的发展。婴儿早期发育、记忆和记忆系统，以及情绪（特别是恐惧和焦虑）方面的研究结果，被认为是有助于不断完善基本理论原理的领域，可以对广泛的概括进行更详细的分析和研究。事实上，根据他的临床发现，即使是Freud也有原则的问题，他后来在《超越快乐原则》（1920g）、The Economic Problem of Masochism（1924c）、《可终结与不可终结的分析》（1937c）等著作中着手解决这个问题。

根据目前的科学知识，我们很容易认识到快乐和不快乐是复杂的感受、情绪和感觉，它们是不同的，不一定有联系。基于被称为快乐和不快乐原则的摇摆的"U"形管精神平衡观点不再有效。显然，这并不意味着快乐和不快乐之间完全没有关系，但在许多情况下，快乐和不快乐同时存在，在其他情况下，不快乐促使一个人寻求快乐，从而强调了两者之间关系的复杂性。

重要的是要记住，痛苦、恐惧和焦虑，尤其是预期焦虑，是一种警告系统，告诉我们身体完整性面临危险或威胁；这些系统具有保护作用，不仅对生存至关重要，而且对维持健康也至关重要。尽管表面上看起来有违直觉，但我们需要不快乐才能获得快乐，因为如果没有我们的恐惧和焦虑系统，我们将处于危险之中，受到伤害，无法获得快乐。考虑到这一点，著名精神分析学家Charles Brenner在2008年断言："大脑的动机是实现快乐，避免不快乐的需求、欲望或倾向……""在儿童早期的某个年龄，从那时起，正常和病理的心理功能在很大程度上都是由两种需求的共同作用驱动的。"而这只能被视为过于全面和过度简化。重要的是，在我对Brenner著作的阅读中，我倾向于认为他混淆了动机和结果；有些行为或冲动是令人愉悦的，这一事实并不能解释它们存在的根本理由。事实上，他对大脑功能的描述过于依赖于患者的口头报告，尽管这很重要，但当问题是了解支配心智和大脑的基本原理时，这是一个不完整的数据来源。

关于这个话题的最后一句话，具体来说，一方面，什么是对快乐和不快乐的宽泛和过度概括的定义，另一方面，什么是过度限制和限制的定义。例如，当 Freud 和 Brenner 提到快乐时，这意味着性和攻击性的快乐，但生存还需要其他快乐。此外，性快感本身是一种复杂的现象，包括欲望、吸引力、反应能力、性行为（如前戏、性交或刺激）和性高潮，所有这些都涉及复杂的荷尔蒙和其他生物学的相互作用。类似的评论也适用于攻击性，我现在将处理这些评论。

攻击作为一种动力，作为冲突的一个组成部分，作为快乐的来源，这种想法始于 Freud。但无论是 Freud，还是那些在精神分析领域追随他的人，都没有试图更清楚地描述和区分我们在日常生活中遇到的各种类型的攻击（Panksepp，1998）。我们所说的攻击性包括行为的异质混合，一方面包括自我保护或保护后代，另一方面包括谋杀、酷刑、致残。在这些极端之间，我们还将打拳击、摔跤、打斗、羞辱、嘲笑、报复、愤怒、顽皮挑逗等不同的行为，以及愤怒、沮丧、恼怒和烦恼等情绪放在攻击的标题下。考虑到所涉及的复杂性，我对这一概念的讨论不够全面或细致；相反，我将重点关注对 Freud 最后一个焦虑理论至关重要的攻击性方面，即信号焦虑。

当他提出这个概念时，信号焦虑警告危险并动员防御。这就是他在《抑制、症状和焦虑》中所说的："对不受欢迎的内部过程的防御将以针对外部刺激所采取的防御为模型，即自我以相同的方式抵御内部和外部危险。"此外，他继续讲述，正如当面临真正的危险时，"生物体可以求助于逃跑的企图"，当面临内部危险时，它可以求助于防御。尽管这一论点可能令人信服且合乎逻辑，但它忽略了对战斗反应的考虑，这是一种同样重要且普遍存在的对危险的反应。任何不包括攻击性在自我保护和保护后代、亲属、领土等方面的作用的理论都是片面和不完整的，并在某种程度上损害了其解释力的稳健性。

此外，要引起攻击性，必须有一种威胁，即一种我们需要保护自己的危险。从这个角度理解，不可能是攻击性的出现引起了焦虑，而是恐惧或焦虑——它们是危险的标志或警告信号——引起了攻击性。自然地，当这种攻击性被激起时，立即而且经常是即刻就会对其适当性、强度和目的作出评价。然而，为了生存，这种评价必须在它被唤醒之后进行。总之，我在这里提出的是，实际情况与精神分析中通常理解的方式相反，也就是说，这种危险会引发恐惧或焦虑，然后引发攻击。虽然在某些时候或某些情况下需要压制攻击性，但这不是第一步。更根本的是，由于驱力压力，攻击性不会自发激发，从而导致自我发出危险信号并动员防御；相反，当面临危险时，无论是真实的还是想象的危险，个体会采取自我保护的心理姿势，调动攻击来保护自己。在这种情况下，危险可能以各种形式出现，包括痛苦、挫折和苦恼。这种理论上的改变显然具有理论和临床意义，这超出了本文的范围。

Freud、Brenner 和其他人阐述的另一个重要的相关观点是，攻击性会带来快乐。我相信这方面的证据非常薄弱；如果有的话，临床经验表明，一个处于愤怒或愤怒状态的人是一个处于压力和不适状态的人。如果个体接受攻击性是快乐来源的观点，那么就必须解释人类是如何生存下来的。再一次，需要区分攻击性的作用和实现预期目标所需的奖励。

在将攻击性概念化为一种对危险的反应，一种由恐惧或焦虑表示的危险时，我没有对恐惧和焦虑进行明显区分，在精神分析理论中，我们经常发现两者可以互换使用，对一些假设情景的肯定突出了这种不明确性。例如，当一个 1 岁的孩子看到一个陌生人并感到痛苦时，那是恐惧还是焦虑？如果一个 6 岁的男孩害怕阴茎受损，我们应该称之为恐惧还是焦虑？或者，再举一个例子，如果有人发生了严重的车祸，随后在车里感到痛苦，那是恐惧还是焦虑？恐惧指的是外部危险，焦虑指的是内部危险，这种区别通常并不那么明确。Ledoux（1996）对恐惧方面做了一些最重要的工作，他以以下方式描述了这些差异：

焦虑和恐惧是密切相关的，两者都是对有害或潜在有害情境的反应。焦虑与恐惧的区别通常在于缺乏引发反应的外部刺激——焦虑来自我们内心，恐惧来自外部。看到蛇会引起恐惧；但是，对与蛇相处的一些不愉快经历的回忆，或者对你可能会遇到蛇的预期，都是焦虑的条件。焦虑也被描述为未解决的恐惧。在这种观点中，恐惧与在威胁情境中的逃跑和回避行为有关，

当这些行为被阻挠时，恐惧就会变成焦虑。

从这段话中可以清楚地看出，即使在神经科学中，恐惧和焦虑之间也没有明确的区别。恐惧来自外部和焦虑来自内部的断言经不起推敲，因为显然恐惧和焦虑都存在于人的内心。相反，有人可能会认为两者的触发因素可能在外部或内部，尽管这种说法也有争议。

可以说，目前对于恐惧和焦虑之间的区别还没有达成共识。例如，Davis、Walker、Miles 和 Grillon（2009）在两者之间做出了以下区分：

尽管恐惧和焦虑的症状非常相似，但它们也不同。恐惧是一种普遍的适应性状态，它快速出现，一旦威胁消除，也会迅速消散（阶段性恐惧）。焦虑是由不太可预测的威胁引发的，或者是由那些在身体或心理上更遥远的威胁引起的。因此，焦虑是一种更持久的恐惧状态（持续的恐惧）。

另一个经常使用的焦虑定义："它是一种在没有直接威胁的情况下的恐惧和高度唤醒状态。"在大多数情况下，这些定义似乎都缺乏充分区分两者所需的准确性。然而，就我关于攻击性的建议而言，危险是外在的还是内在的并不重要；危险是真实的、幻想的还是想象的也不重要；它是阶段性的还是持续性的，我们叫它恐惧还是焦虑，都无关紧要。

在对我们熟悉的关于攻击性和焦虑的思维方式提出修改时，出现了关于焦虑和性之间关系的问题。性和恐惧是如何联系在一起的？显然，从生物学的角度来看，性行为成为恐惧的来源是没有意义的。作为一种重要的快乐来源，以及创造后代和物种繁衍的要求，从逻辑来讲，主要的奖励——也就是快乐——在性方面应该很重要。然而，从临床上我们知道，情况并非总是如此。难道性行为本身并不是一种危险，而仅仅是它的后果吗？后果意味着推理、评估和判断的能力，也就是 Freud 所说的现实原则，因此意味着更高的心理功能的更重要的作用。很明显，后果在攻击性方面也很重要，尽管在性冲动的表达中可能还有其他未知的抑制机制，这些抑制机制通过更高的中心传递，就像同理心在攻击性方面一样。无论如何，我不认为我所描述的关于攻击性、恐惧和焦虑的基本的、主要的关系存在于性方面。

相反，人们已经认识到情况要复杂得多。例如，包括临床精神分析观察在内的一些证据表明，某些恐惧情境主要是在生理层面上伴随着性唤起，这是不寻常的，因为在许多情境下，焦虑对性欲有抑制作用。从生物学的角度来看，更确切地说，从自我保护的角度来看，似乎有理由认为恐惧和可能的攻击性会与性有一些重叠的回路。在特定的情境下，要在性行为是安全的还是危险的之间做出决定，在后一种情境下，应该调动攻击性。最近对啮齿动物的研究表明，面对未知的雌性，性回路的激活对攻击性回路有抑制作用。有趣的是，Hartman（1964；Hartman, et al., 1949）使用他那个时代的词汇，做出了类似的观察，他说："未经修饰的攻击性冲动威胁着客体的存在，而对客体性欲的投入起到了保护作用。"

通过以这种方式谈论性，我比 Freud 写力比多（libido）和性欲（Eros）时更缩小了关注的范围。我认为，将归于力比多或性欲的所有财产汇总在一个标准下是不准确的，而且"性"的概念在当前的精神分析理论中被滥用。例如，当我们谈到母亲对婴儿的力比多投资时，我们承认这种关系的感官方面，而不认为它是性的。保持性为性，并分别研究与关系和对他人的需要有关的思维的其他属性，同时注意到这些不同属性之间总是相互作用，这将会更有用。依恋就是这样一种属性，但还有其他属性。从大脑的角度来看，当我们谈论性动机和依恋时，激素的作用可能是不同的，我相信有证据支持这一假设。

《抑制、症状和焦虑》中另一个重新考虑的重要主题，也与焦虑有关，那就是超我，古典精神分析将道德、禁止和惩罚结合在一起。作为俄狄浦斯情结的继承人，通过身份认同的过程，超我成为威胁惩罚错误行为的机构。错误行为最重要的例子包括伤害他人或违反某些性禁忌。虽然超我的概念已经有了它的用处，但我认为现在是时候区分和描述我们在这个标题下归并的许多属性或财产了。例如，从圣经禁令中衍生出来的道德和明辨是非的能力，是需要研究的领域之一。然而，涉及他人的领域，以及许多禁止性行为，都取决于与惩罚无关的其他能力。共情，我已经提到过，就是这样一个领域，最近受到了很大的关注。心理理论的研究主要集中在 3 岁左右儿童共情能力的发展。可怕的 2 岁发生在这个阶段之前，大多数父母或密切的观察者肯定目睹了一个沮丧的孩子在 3 岁（左右）之前表现出的冷漠。过了这个年龄，随着时间的推移，随着孩子的成熟，他们能够更好地控制这种攻击性行为，这在很大程度上得益于社会环境，包括父母、幼儿园老师、哥哥姐姐等。共情在这一成熟过程中也很重要，正如 Simon Baron-Cohen（Baron-Cohen, 2011; Baron-Cohen, et al., 2000）、Donald Pfaff（2007）等人所描述的那样，共情可以控制对他人的攻击性表达。从这个意义上说，共情在控制愤怒和破坏性愿望方面的作用类似于 Freud 认为的对超我的恐惧的作用。这并不意味着对惩罚的恐惧并不是控制攻击性的重要威慑，但它大多是经过学习的，很少在意识层面上发挥作用。对内疚的讨论虽然与此相关，但超出了本章的范围。

总结：Freud 开创性的作品《抑制、症状和焦虑》以及《自我与本我》是近 90 年来精神分析思维的基础。尽管这两部作品至今仍有很多价值，但一项关于焦虑和恐惧的研究——包括神经科学的发现——提供了另一个有助于推进精神分析思维的视角。我在这里提出的观点，主要依靠精神分析词汇，以神经科学的发现为基础，并质疑/修改了上述两部作品中提出的一些原则。这些修改如下。

① Freud 从临床观察之初就看到了无意识的冲突，他提出的理论都是为了解释冲突。

② 攻击不是自发产生的，而是对危险感知的反应，需要防御。因此，攻击不会引起焦虑，攻击是由恐惧和焦虑引起的。

③ 我们最感兴趣的攻击行为并不是快乐的来源。

④ 快乐-不快乐原则代表了一种看待心智的方式，它依赖于 19 世纪末 20 世纪初的生理学，并没有充分解释心智的运作。由此推论，与这一原理密切相关的信号焦虑的概念不再足以解释心理现象。

⑤ 目前所理解的超我包含了太多需要单独处理和理解的内容。

这些思想不可避免地使动力性无意识的概念成为焦点，因为它深深植根于冲突的概念中。因此，还需要对这一概念进行批判性研究，特别是考虑到最近关于记忆、记忆系统、记忆巩固、有情绪的记忆与情绪记忆以及分离和抑制的研究结果。此外，需要澄清所谓的认知无意识与精神分析动力无意识的关系，但这也超出了本章的范围。越来越明显的是，精神分析对心智理解的进展，不能再忽视神经科学的不断发现，本章代表了朝着这个方向的早期努力。这里的目的不是提出任何明确的结论，而是指出需要在当前神经科学发现的帮助下重新审视的领域，以期在精神分析的发现和假设与神经功能研究结果之间建立更高程度的对应关系。

7　创伤性诱惑和性抑制

埃尔莎·施密德-基齐普斯（Elsa Schmid-Kitsikis）[1]

> 我现在从远处观察伴随着精神分析引入法国以来的症状反应，这是一种长期难以解决的问题。这似乎是我以前经历过的事情的再现，但它也有自己的特点。人们提出了难以置信的简单反对意见，比如法国人的敏感被精神分析术语的迂腐和粗糙所冒犯……另一个评论听起来更严肃（索邦大学的一位心理学教授并不认为这有失他的身份），他宣称，精神分析的整个思维模式与精灵拉丁语不一致。
>
> Sigmund Freud (*An Autobiographical Study*, 1925d)[62]

从《抑制、症状和焦虑》（1926d）的一开始，Freud 就回忆起与性和创伤经历有关的强迫和恐惧行为。他写道："一些抑制显然代表了一种功能的再次丧失，因为它的行使会产生焦虑。许多女性公开表示害怕性功能。我们把这种焦虑归为癔症，就像我们把厌恶的防御性症状归为癔症一样，厌恶最初是作为对被动性行为体验的延迟反应而产生的，后来每当出现关于这种行为的想法时，这种症状就会出现。此外，许多强迫行为被证明是对性体验的预防和安全措施，因此具有恐惧特点。"

---

[1] 埃尔莎·施密德-基齐普斯为日内瓦大学名誉教授，巴黎精神分析学会和瑞士精神分析学会的培训成员。

情感抑制和心理功能

E 小姐是我的一位患者，她抱怨自己感觉石化和麻木期间的不同精神状态。这些不同的状态让她感到一种精神上的无生命力，一种瓦解的感觉。通过移情，她给人的印象是，她正在与迷恋状态作斗争，因为太多的感知活动混淆了时空标记，并导致她精神极限的下降。她回忆起这些感觉，恐惧和感官上的愉悦交织在一起，似乎与充满兴奋的诱惑体验有关。由于无法遏制这种过度，她未能详细描述婴儿期性行为，并且过于夸张，正如 Freud 强调的那样，迫使自我通过将"不可调和的"表征❶视为"不可触及的"来捍卫自己。这样一种诱人的经历所带来的创伤，在一种强烈的情欲中得到了庇护，这种情欲植根于巨大的感知活动，毫无限制地自动重复。强烈的情欲，伴随着强烈的兴奋，似乎阻止了与情感的接触，并作为帮助患者克服无法忍受的精神痛苦的最后手段。

麻木仍是一个悬而未决的问题。它让我们想起了精神麻醉，它阻碍了精神的细化，并使我们面临自我依赖，Freud 强调了癔症的自我及其无意识的内疚（1923b）。如果是这样的话，关于我的患者的另一个问题就产生了，这与她精神极限的消失有关。在某种程度上，它是否与 Winnicott 所描述的面对非象征的过去事件时唯一可能的精神结果有关？还是像幼儿在一个无法涵容和代谢精神极限的不充分环境中所经历的那样，经常摔倒？在这种情况下，唯一的心理结果将是保持持续的兴奋源，努力否认任何容易产生疼痛的影响。因此，根据 Freud 的说法，结果将阻止自我得出结论，即看到"自己被所有保护力量抛弃，［它］让自己死去"（1923b）[58]。

Freud 与精神麻醉：从躯体神经支配到移情的发现

Freud 关于抑制和焦虑之间的联系的思考，已经在他的第一个关于诱惑

---

❶ 从现在开始，我将使用 C. & S. Botella（2004）提出的"表征（representation）"一词，而不是"呈现（presentation）"。

的理论和他对癔症精神功能的发现的背景下起作用了。他引入了一些假设，这些假设预示着他随后的理论阐述。基于临床工作，这些假设考虑了他关于转换的理论，并整合了他对身体活动和躯体神经支配之间可能的方程式的怀疑和质疑。Freud 对 Elisabeth 的案例提出了质疑，其中包括替换过程，承认了没有任何器质性功能障碍的纯象征性转换的可能性。Freud 写道：

> 我还表达了我的观点，即患者通过象征性的方式制造或增加了她的功能障碍，她在不能站立行走中发现了一种身体表达，因为她缺乏独立的位置，所以无法对自己的情况做出任何改变，诸如"无法向前迈出一步""没有任何东西可以依靠"充当了这一新的转换行动的桥梁。（Breuer et al., 1895d）[176]

自 1893 年以来，在他关于癔症和表征在情感中所起的基本作用的工作中，瘫痪问题一直吸引着他的注意力。他强调了癔症的过度方面，以及绝对和深度麻醉的存在，以及它与任何器质性病变的微弱联系。他得出的结论是，在这种情况下，癔症和其他一些表现，就好像解剖结构未知或不存在一样。

在这一点上，人们可能会想，Freud 所说的癔症功能背景下的表征是否与具象动作有关，正如他未来对这一主题以及梦境活动的研究所表明的那样。患者似乎通过他或她的症状及其过度行为，寻求一种象征性地指定欲望客体的方法，类似于一种具有图像和感觉的游戏，以便能够忍受其缺失的后果。

2 年后（1895 年），Freud 继续研究焦虑性神经症及其瘫痪作用。他似乎对"协调性眩晕"和"动眼神经麻痹"中的眩晕，以及它们特有的不适感感兴趣，如"地面摇晃、双腿弯曲、无法再站立的感觉；双腿感觉像铅一样沉重、颤抖或膝盖弯曲"（1895b）[95]。Freud 补充到，由于这种眩晕从来不会导致跌倒，它可能会被严重的昏倒所取代，或者被青春期或年轻已婚女性所经历的处女焦虑所取代，因为她们第一次接触性活动会引发精神麻醉状态。因此，Freud 推断出焦虑性神经症和癔症之间的密切关系，他写道：

> 正如"处女焦虑症"或"性癔症"中所见，癔症和焦虑症经常相互结合，癔症只是借用了焦虑症的一些症状，等等，这并不奇怪。

此外，也许正是在这个时候，Freud 开始思考是否有必要将这种症状视为我们理解癔症现象的一部分。在某种程度上，癔症的身体的戏剧性和症状并没有那么吸引 Freud；他更感兴趣的似乎是出现在癔症患者身上的悖论。Dora（1905e）的案例，即"一种具有平常躯体症状的小癔症"，在这方面将成为例外。Freud 似乎质疑他的患者在"听"父母性交时吮吸、尿床或手淫等行为的重要性。

根据 Freud 对这种现象的解释，即这些现象通常是通过由缺席和排斥构成的密集意象来组织的，我想知道患者在多大程度上让他或她自己被固着和静态的意象所满足，以否认令人痛苦的缺席。我的一个患者，因为父母离婚而不能见到她的父亲，她假装对这种情况完全漠不关心，在她的分析中发现了她父亲的缺席和与他有关的静态图像之间的联系，这些图像在她自慰时侵犯了她。

在同一时期，Freud 对涉及运动困难的线索越来越感兴趣。身体不再与运动神经相连。感觉领域享有特权，尽管它仍然处于感觉器官的控制之下，但 Freud 为他的理论建构提供了新的方向。从现在起，身体的功能，连同它的快乐和不快乐，将被视为欲望和象征性嘲弄的领地。他与 Fliess 的友谊，激发了他对嗅觉的兴趣。❶ 在关于 Lucy 小姐案件的报告（1888 年）中，Freud 明确支持这样一种观点，即事件的创伤效应是由于情感冲突，而与之相关的嗅觉仍然是创伤的象征。但正是他对一种感觉与另一种感觉之间的联

---

❶ Freud 在他的作品《文明及其不满》（*Civilization and its Discontents*）（1930a）中重新考虑了这一点，这要归功于一场关于精神性兴奋和肛门情欲的某种变化的辩论，这些变化"首先屈服于'器官潜抑'"。对 Freud 来说，这种变化似乎与"嗅觉刺激的减少"有关，它们的作用被"视觉刺激所取代，与间歇性嗅觉刺激相反，视觉刺激能够保持持久的效果"。他补充道："嗅觉刺激的减少似乎本身就是人类从地上挺起身体、直立行走的结果。"

系的兴趣，指导了他在知觉/幻想联系领域的理论研究。对 Freud 来说，一个新的无意识生产要素出现了。他画了所谓的"癔症的建筑"，描述了主体的目的是回到原始的场景。他肯定，如果在少数情况下可以直接实现这一点，那么在其他情况下，通过幻想迂回是必要的。这些幻想"将经历过的事情、听到的事情、过去的事件（来自父母和祖先的历史）和自己看到的事情结合在一起"（1892）[248]。这种新的心理功能方法削弱了转换理论的力量。事实上，从那时起，Freud 关于麻木或瘫痪现象的抑制和抑制机制的例子强调了感觉活动的普遍性。他认为，一种与另一种感觉功能不相关的感觉功能可能会由于其强大的感知能力而导致断裂或固定，排除了表征活动的必要空间。风险在于，后者屈服于一个"过度负荷的器官"或一个"不愉快的器官"，产生了与迷恋或石化引起的抑制相同的抑制。

通过 Dora 的案例，Freud 证实了他对躯体症状不感兴趣，而对情感的命运更感兴趣。他指出了感知活动的重要性（K 先生对她的性勃起），作为一个迷人的客体，可以产生创伤效应：震惊、缺失、吸引、置换以及情感的反转、抑制。从现在起，身体在移情中发挥作用。Freud 意识到了这一现实，自从他承认在 Dora 的治疗过程中没有注意到这一点以来，他就更加意识到了。他写道：

> 我不得不谈到移情，因为只有通过这个因素，我才能阐明 Dora 分析的独特性。它的巨大优点，即不寻常的清晰度，使它似乎如此适合作为第一个介绍性出版物，这也与它的巨大缺陷密切相关，这导致该案例被过早地中断。我没有及时掌握移情。由于 Dora 在治疗期间随时准备把一部分致病物质交给我使用，我忽视了注意移情的最初迹象的预防措施，这种移情是与同一材料的另一部分联系在一起的——对其中的一部分我一无所知。(1905e)[118]

Freud 在提出第二地形学说之后（1920）将探讨分析师和患者所占据的特殊位置。在他的著作《群体心理学与自我分析》（1921c）中，他再次分析了自我的极端心理位置，它因屈服而变得贫瘠——就像一个恋爱中的人一样——以唤起在这种情况下催眠师的力量如何占据自我理想作为一个独特客体的位置。因此，Freud 认为瘫痪是由一个过于强大的人和一个无能为力、手无寸铁的人之间的关系引起的。他指出了患者在精神分析治疗中可能受到虐待的方式。

创伤诱惑和精神抑制

分析工作的复杂性往往归因于各种诱惑的情况。我们的患者讲述的场景和诱惑的场景提供了一种"看到和听到但不完全理解"的意义分歧，或者由于爱抚、轻微的触摸或精神虐待而保持模糊，因此成为压倒性兴奋的来源，防御性地转化为不同的抑制模式。正如 Joyce McDougall 所指出的，这些模式并不总是意味着癔症的功能，也不总是以静止的心理状态结束，即使它们是正常性行为固有的创伤性质的一部分。尽管如此，最暴力的场景的影响通常会导致 Ferenczi 所描述的所谓"心理骚动"，即一种导致恐怖和自体毁灭的心理冲击。

另一方面，Paul Denis 关于脆弱患者的工作（1997）强调了一个事实，即无论是否有创伤，诱惑总是与权力和优势有关。尽管诱惑并不总是具有纯粹的性品质，但它会使孩子与父母中的一方（通常是母亲）产生特定类型的关系。Freud 在《摩西与一神论》（*Moses and Monotheism*）（1939a）[76] 中认为，通过防御机制对抗情感成为避免痛苦的首要任务，"负面反应"转化为"防御反应"，它们的主要表现是所谓的"回避"，这可能会被强化为"抑制"和"恐惧症"。

然而，作为最后的手段，我在自己的患者身上经历过的另一种结果也是可能的：对反复出现的感知图像的防御性使用。Freud 在刚刚引用的作品中告诉我们，意象不是自发出现的，而是与其相关：

即对孩子造成冲击的印象，当我们不得不认为孩子的精神装置还没有完全具备容纳性时。这一事实本身是毋庸置疑的，但它是如此令人困惑，以至

于我们可以通过将其与照片曝光进行比较来使其更容易理解，照片曝光可以在间隔任何时间后显影并转化为图片。

这种类型的意象可以在缺乏历时时间和空间的情况下突然再现，在一段时间内，它构成了一种有效的心理痛苦保护措施。

精神强迫和性抑制

前面提到的 E 小姐，是一个在落后、压抑的环境中长大的年轻女性。她没完没了地等待着弥补童年时所失去的东西，母亲侵入式的照顾、父亲的惰性，以及过度的宽容，这些都造成了强烈的焦虑❶，使她突然而强烈地不知所措，只有处于精神麻醉的状态、数小时的睡眠，以及疯狂而无休止的无用的智力工作，才能给她一种平静的幻觉，她从平静中醒来，矛盾的是，她的身体和情感都疲惫不堪。她在治疗期间讲述了最初几年的艰难生活。她作为一个"理想"的孩子来到这里，以避免父母离婚，也避免她在已经十几岁的兄弟姐妹中占据一席之地。她强调身体并发症：呼吸、睡眠和运动困难，但最重要的是，她描述了 4 岁时她的腿是如何突然瘫痪的，几个月后，腿又是如何突然恢复正常的。正如 Freud（1926d）[89] 所写：

在癔症中，运动装置会瘫痪，或者该装置的这一特殊功能将被废除（行走不能）。特别的特点是，由于不遵守某些特定约定而导致焦虑（恐惧）的出现，从而造成运动中出现的困难增加。

她说："我母亲从未想过为什么瘫痪会如此突然地出现和消失。伤害我的是她对我缺乏兴趣，而不是身体上的疼痛。"她谈到所有这些困难时没有任何情绪，也没有任何感情。她通过无数的意象和细节表达自己的情

---

❶ Freud 认为，焦虑"一方面是对创伤的期望，另一方面是以减轻的形式重复"。

感，强调了母亲对她的权力和优势。对我来说，我没有感觉到她的痛苦，但我感觉到她永远的疲惫感，这让我"着迷"，但也让我感到不舒服。理论知识侵入了我的听力。我觉得有必要与这种倾向作斗争，与建立一种舒适的病理诊断的倾向作斗争——一种关于癔症的诊断，并忘记我作为分析师的工作。在这种情况下，我感到无法思考，因为我觉得她剥夺了我体验我的担忧和母性专注的权利，她害怕的经历可能过于温暖和兴奋，我干预的空间变得越来越有限。

随着事情的发展，我想知道她感到麻木或接近崩溃的倾向是由于追逐她的不同场景造成的。在我看来，这些场景构成了准癔症功能发展的防御基础，这似乎越来越合理。有一段时间，她决定谈论这些反复出现的粗俗幻想，我觉得自己受到了束缚，每当某些事情发生时，这些幻想就会淹没她：她觉得宣布自己要生孩子是一场情感上的灾难，可能会引发崩溃；她经常看到一些强迫性的画面，比如婴儿吮吸着乳房，乳房突然变成了阴茎，让她感到恶心；例行的妇科检查会引起强烈的焦虑和呕吐的欲望；她幻想妇科办公室中站满了男医生，医疗助理必须满足他们的性欲。她回忆道："前几天我在图书馆偶然打开一本书，看到一个女人嘴里叼着一个阴茎。我被吓呆了。我无法移动或离开。我一遍又一遍地看到这一幕。"

所有这些场景，在我看来，她对阴茎的迷恋——一种厌恶的来源——似乎与她有时发展出的智力活动类型有关。尽管她是一名精力充沛的大学研究员，但她唤起了自己生活中受到太多疯狂和无用智力工作影响的一段时间，以至于她会呕吐，然后无休止地睡着。于是，她觉得自己的创作能力似乎是无效的。Freud 关于工作中的抑制进行了如下描述（1926d）[89]：

主体感觉到他在这方面的快乐降低了，或者变得不太能够做好这件事；或者，如果他不得不继续这样做，他会对此产生某些反应，比如疲劳、头晕或生病。如果他是一名癔症患者，他将不得不放弃工作，因为出现了器质性和功能性瘫痪，这使他无法继续工作。

他补充道（1926d）[119]：

> ……自我以多大的韧性坚持其与现实和意识的关系，为此目的运用其所有的智力，以及思考的过程是如何变得过度贯注和情欲化的，那么人们或许可以更好地理解这些潜抑的变化。

她用所有这些幻想和描述侵入我，从来没有自由联想，好像她想避免我的干预。她只提到了感觉缺失、石化的状态，令人高兴的是，这些状态并没有避免以相反的形式——厌恶——进入欲望的领域。这种对情感表达的开放，尽管加剧了她的不安，但表明了这些感觉缺失状态和由于"空白"或过度侵入性意象而产生的心理冲突是如何提供心理保护的。由于她那未得到满足的婴儿好奇心仍然很强烈，心理保护必须更加有效。但与此同时，这种过度并没有帮助组织一种有症状的功能，这种功能本可以保护自我免受痛苦，免于承受巨大的责任，如遏制和划定界限，以及在绝望投资的帮助下趋于溢出的焦虑。

浮现的记忆让她意识到，她不仅被这些场景所排斥，还被这些场景所吸引。她感到如此恐惧，不知道是什么吸引了她。她想知道自己小时候是否受过虐待。她说："这是一种印象，但我记得当我靠近父亲时，当我母亲告诉我从父亲的膝盖上下来时，同时我必须和他一起洗澡时，我感到一种不安。"

她很生气，她觉得母亲偷走或激发了她的驱力能量。她说："在家里，我妈妈不让我们关门。即使我们要上厕所，我们也得把门开着。我母亲不敲门就进了我的房间，今天也是这样。我总是觉得自己好像做错了什么——我从来都不知道亲密的意义是什么。"她补充道："我母亲总是出人意料。我保护自己的唯一办法就是假装我不存在，就像我死了一样。当我的男朋友插入我时，我也会这样做。我让他这么做，因为我害怕被抛弃。当你干预时，我也有同样的感觉，就好像你的干预是出乎意料的一样。这是一个可怕的时刻，不存在的一个小时。我不能再思考了。有一段时间，我感觉什么都没有，就像我男朋友走进浴室的那天一样。我在淋浴时感觉自己瘫痪了，我再也感觉不到温水和冷水的区别了。"

"我不能触摸，也不能被触摸"

感官运动，即自我对满足的肉体搜索，必须永远与兴奋及其溢出作斗争。在留下身体痕迹的客体快感投资过程中，兴奋必须在它与想象的关系中找到一种平衡，通过调节效价、质地和包裹，使过多的兴奋不会成为感官感受的障碍。当兴奋倾向于淹没身体时，防御分裂机制就会出现，并阻止感官正常工作，从而增加创伤体验的风险。

E 小姐在一次治疗中回忆起她在性方面的"天真"，因为她父母的拘谨、她青少年时期上的天主教学校的修女们的尴尬，以及大约 50 岁的"老"医生给她上性课程的方式。在性方面，她感觉自己的身体就像一个洞，而不是她期望的那种女人味。她对自己一无所知的女性身体永远感到排斥。她认为这种永久的感觉与她对母亲的感觉有关。她说："当男人开始把我视为一个女人时，我觉得我的身体是空的，好像是一个洞。"对此她感受到排斥，她从未将其与自己的残害经历联系起来。她拒绝使用想象力，拒绝使用幻想，被奇怪和未知的感觉淹没。她唤起了对母亲的爱。她意识到自己不能住在离她很远的地方，尽管她也有强烈的负面情绪。她指责母亲没有帮助她建立良好的保护性防御和她需要的、现在仍然需要的强大限制。她确信自己是在一个不了解孩子的欲望和期望的环境中长大的。Freud 写道（1926d）[143]：

毫无疑问，癔症与女性气质有着强烈的亲和力，就像强迫性神经症与男性气质一样，作为焦虑的一个决定因素，爱的丧失在癔症中的作用与阉割的威胁在恐惧症中的作用以及对超我的恐惧在强迫性神经症中的作用大致相同。

E 小姐也确信，当她还是婴儿的时候，她的母亲从未真正触摸过她。她说："在家里，我们不知道接吻意味着什么。"她提到了窒息的感觉，以及她对触摸或被触摸深深而永恒的恐惧。❶ 她补充道："这与这个特殊的时刻有关，即当一个普通的爱抚变成一个情欲的姿势时。在这个特殊的时刻，我不能说'是'或'不是'。我只是奉承自己，催眠自己。然后，它就会被传染，同样的印象会持续并重复。"

在一次治疗中，她宣布她和男朋友决定开始骑马。接下来是一段极度兴奋的时期。E 小姐在尝试与马接触并掌握马的意外动作时表达了她的快乐。一种将感官身体接触融合在一起的新趋势出现了，但同时也重新激活了她或多或少能够面对的旧的创伤经历。关于焦虑，Freud 断言，在某些情况下，焦虑"不是在压抑中产生的；它被再现为一种情感状态，与已经存在的记忆图像一致"。他补充道（1926）[93]：

情感状态已作为原始创伤经历的沉淀融入大脑，当类似的情况发生时，它们会像记忆符号一样被唤醒。我认为我将它们比作最近的、个人获得的癔症发作……并不错。

她说："周六，我和男朋友一起去骑马。有一只狗在附近徘徊。我可以触摸它，抚摸它，但它没有叹息，也没有动。突然它摩擦我，仰卧，抬起爪子，好像要人抚摸它的肚子。我感到困惑，因为它没有给出任何我是否可以触摸它的迹象。"

我记得我听了这个故事，就好像这是一场梦。通过移情，我当时认为，对狗的感官接触的置换是一个重要的变化。这让我想起了 E 小姐在分析之初是如何与沙发联系在一起的。她躺在上面，就像在空中飘浮着一样，尽管她留下了痕迹，因为当她在疗程结束起来时，毯子上下颠倒了。不管发生了什么，好像兴奋在沙发上结束了。

几天后，她来到面谈现场，看起来非常感动。她说："我当时骑着别人

---

❶ 关于"触摸的禁忌"，Freud 写道（1926d）[121-122]："如果我们问自己，为什么避免触摸、接触或感染会在这种神经症中扮演如此重要的角色，并成为复杂系统的主题？那么答案是，触摸和身体接触是攻击性和爱的客体贯注的直接目的。"

7　创伤性诱惑和性抑制　　155

的马。它试图抓住我的毛衣咬我（我心想是那件藏着她胸部的毛衣）。我花了一段时间才意识到，它不是想咬我，而是想和我一起玩。"她补充说，即使她喜欢动物，她也无法确定它们是否会攻击她。

一个过程似乎正在朝着更好地融合婴儿性行为的方向发展。E 小姐的幻想越来越多地与被触摸、触摸或被插入的恐惧和焦虑联系在一起。在一次治疗中，她看起来很虚弱。她说："我再也不能骑马了，我感到恶心和恐惧。"她补充道："就好像我做爱了。"这一创伤性场景代表了一条分界线。从现在起，心理上的可想象性对婴儿性理论的误解持开放态度。她通过梦唤起了自己的性焦虑。

她回忆道："我站在一个松散的箱子前，里面有三匹马，一匹小的，两匹大的。我觉得它们是三匹母马。突然，我意识到其中一匹是种马，它把阴茎插入了成年母马。母马继续吃东西，好像什么都没发生。我松了一口气。这不是一场灾难。"她继续说道："当我母亲平静下来的时候，这总是意味着一场灾难。我觉得我不能指望她的爱，我不是她想要的孩子，我相信有一天她会抛弃我。"

几位学者对神经症的爱和上瘾的爱进行了区分，前者涉及俄狄浦斯冲突，后者赋予客体修复或避免冲突和负面情绪的魔力。所谓正常的爱的能力与爱和被爱有关。这种能力关系到主体发展和转变自恋功能的能力、质疑他/她的理想自我和自我理想的特权，以及面对他/她的幼稚性幻想的暴力。它意味着遇到另一个准备接受和回报爱的人，以避免自身心理功能的异化和削弱。

由于母亲情绪低落，E 小姐没有机会接触母亲的身体、皮肤、气味、声音和眼睛。缺乏与感官体验的必要联系，从而影响了客体关系的构建和欲望的整合。这种心理状态阻止了身体记忆体验的形成，阻止了对非侵入性躯体感觉的识别和整合，从而导致了自我情欲的能力。Freud 写道（1921）[115]：

感官之爱的命运是，当它得到满足时就会熄灭；为了使它能够持续下去，它必须从一开始就与纯粹的深情成分混合在一起，也就是说，这些成分在其目的上受到抑制，或者它本身必须经历这种转化。

结论

Freud 关于抑制和焦虑之间联系的思考，在他关于诱惑的第一个理论和关于癔症心理功能发现的背景下已经发挥了作用（1888，1895b）。他引入了一定数量的假设，这些假设预示着他随后的理论阐述。在 Dora 的案例（1905e）中，他指出了感知活动的重要性，感知活动会产生创伤效应，如抑制和焦虑。

本文中提出的 E 小姐案例说明了 Freud 关于抑制的言论（1926d），这种抑制代表着一种功能的放弃，例如性功能，如果实施该功能就会产生焦虑。事实上，E 小姐经常被恐惧感和内心死亡的感觉所淹没。这些精神状态之后总是伴随着崩溃的威胁，这种威胁持续存在，但对她有某种吸引力。她认为自己可以通过残缺不全的性经历来考验自己的勇气。

分析工作使我关注感知活动的位置和意义，以及由此产生的移情和反移情困难。在患者与创伤性诱惑相关的联想过程中，有两种反应似乎经常相互对抗：一种是与过度知觉相关的麻醉，这导致了被干扰的时空参考，被体验为迷恋；另一种是 E 小姐经历的心理限制的崩溃，此时恐惧和快乐交织在一起。

8　《抑制、症状和焦虑》的理论建构与临床研究

乔瓦尼·福尔斯蒂（Giovanni Foresti）❶

我们能否成功地理解这些不愉快情感之间的差异？

(Freud，1926d)[132]

我的上一本书会引起轰动是意料之中的事。一段时间后，它会再次消退。人们认识到我们还没有获得教条主义僵化的权利，我们必须准备好一次又一次地耕种葡萄园，这是没有坏处的。

(Freud 1926 年 5 月 13 日写给 Andreas-Salomè 的信；引自 Gay，1988)

　　阅读 Freud 的作品是文本和读者之间相互作用的过程，该过程受到不同的有时是过度解释的影响。事实上，当我们考虑我们对 Freud 的亏欠时，我们的思想倾向于在两种极端而对立的态度之间进行组织：一方面，对 Freud 研究的连续性和一致性表示敬意；另一方面，对由于有时感知到 Freud 矛盾和分散的概念性迷阵而批判（Bollas，2007；Derrida，1987，2007；Ferro，2005，2010；Grubrich Simitis，1997；Mahony，1987，2002；Quinodoz，2004）。前一种态度可能导致过于系统化的理论重建，既倾向于尽量减少

---

❶ 乔瓦尼·福尔斯蒂为医学博士、哲学博士，是国际精神分析协会（IPA）和意大利科学协会（SPI）的正式成员。在 SPI 中，他是国家执行委员会的成员，担任科学秘书。

概念上的不连续性，又倾向于忽视 Freud 理论中开放或未解决的方面。后一种态度可能过于关注作者的个人生活，或他所发起并投身的运动的动荡，因此可能忽视文本的概念结构及其理论复杂性和临床意义（Assoun，1997；Civitarese，2010；Momigliano，1987；Ogden，2009；Riolo，1991，2010）。

在重读《抑制、症状和焦虑》（Freud，1926d）时，我试图证明一些关于精神分析传统中连续性和不连续性之间辩证法的假设的解释作用。这些假设中最复杂的是，概念严谨性（连续性）和临床研究（不连续性）之间的斗争，它构成了精神分析研究的核心。

在精神分析中，我们都属于强烈地影响了我们的概念观点的群体和思想传统。因此，分析有关文本的第一步是确定哪些因素决定了我所归属的具体概念和制度的传统。在解构了前人的解释之后，我试图通过探索我认为在其中可以看出的各种情感和概念维度，来重建弗洛伊德文章的概念组织。我将弗洛伊德区分为临床医生、政治家和理论家，探讨了他 1926 年的理论对如今理解抑制、症状和焦虑的概念模型所起的作用（Bolognini，2004，2008；Ferro，2002；Ferruta，2011a，2011b；Foresti et al.，2010；Neri，1998）。

解读意大利精神分析传统

我们可以通过比较对意大利精神分析传统做出最大贡献的书籍［Cesare Musatti 在 1948 年出版的 *Treatise of Psychoanalysis*，以及 Antonio Alberto Semi 1988 年编辑的故意使用相同标题的书（Semi，1988a，1988b）］来分析《抑制、症状和焦虑》在意大利精神分析传统中是如何被解释的。

Cesare Musatti 编辑了 Sigmund Freud 作品的意大利语译本，该译本由都灵出版商 Boringhieri 于 20 世纪 70 年代完成。在这一系列书籍中，《抑制、症状和焦虑》与 Freud 在 1924 年至 1929 年间的所有其他出版物一起出现在第 10 卷。在相关文本的前言中，Musatti 写道："尽管由于在这个相对简短的摘要中解决了许多问题，导致了一些形式上的缺陷，但该文本对精神分析理论做出了根本性的贡献。"（Musatti，1978）然后，他描述了文本的出版历史❶，并将 1926 年提出的思想的新颖性置于背景中。他提到了"20 年代初发生的深刻转变"，并认为这部作品是因为"Freud 觉得有必要在这些新的理论视角的基础上重新审视神经症表现形式中的心理成因问题"。❷

通过比较 Musatti 的专著和 40 年后 Semi 编辑的同名专著，我们能得到什么启示？下面是我得到的启示。

Musatti 的专著

这本书在第二次世界大战后出版，全书分为两部分，参考了 Freud 作品的第一个完整版本：*Gesammelte Schriften*。在书中，Musatti 很少关注出版的时间顺序，并将 Freud 的理论重建为一个概念顺序，目的是让读者更容易获得这些理论。与他后来在 1978 年写的前言中所说的相反，Musatti 在他的论文中没有强调 20 世纪 20 年代的理论转折点，而是对精神分析理论进行了全面重建，他对这些理论进行了阐述，就好像它们是对精神分析基本原理逐

---

❶ 根据 Musatti 的说法，该文本写于 1925 年夏天，同年 12 月编辑，次年 2 月首次出版（Musatti，1978）。第一版出版于 1926 年；随后，该书第二次在 *Gesammelte Schriften* 第十一卷（1928）中出版，第三次在 *Schriften zur Neurosenlehren und zur Psychoanalytischen Technik*（1931）中发表，最后在 *Gesammelte Werke*（1948）中发表。

❷ 在《抑制、症状和焦虑》的前言中，Musatti 认为精神分析的创始人"主要对焦虑和恐惧问题感兴趣"（Musatti，1978）。他回到了他在研究强迫思维时提出的假设，并试图重新思考精神动力学，试图证明"除了潜抑，其他防御机制也支持神经症"（Musatti，1978）。在前言的结论中，Musatti 指出，Freud 著作的早期译本早在 1951 年就已经出版了，并附有另一位重要的第一代意大利精神分析学家 Emilo Servadio 的前言。Musatti 在前言中引用了 Servadio 的话，有几句可能会引起大家的兴趣："尽管……相当摇摆不定，有一些不清楚的时刻和许多未解决的问题，Freud 关于焦虑的讨论仍然非常令人兴奋……"（Musatti，1978）Servadio 通过以下建议来解决读者对本文的困惑："我们也许应该在文本中表达的众多不同观点之间寻找一个共同点，在早期建立一个内在的'辩证法'，即精神装置的核心。"根据 Servadio 的说法，"我们的生活从胎儿的无区别阶段开始，然后经历了一个纯粹主观的无区别的新阶段……在生命的最初几个月，紧接着是内部和外部的区别阶段。"（Musatti，1978）

步揭示的逻辑发展。❶ 这一理论方案源于当时最有影响力的意大利哲学家 Benedetto Croce 重新阐述的黑格尔（Hegelian）逻辑和历史的结合，并强调 Freud 理论的概念连续性。

然而，Musatti 的专著并没有创造出一个完全想象的 Freud，它当然也没有忽视 20 世纪 20 年代 Freud 发表的理论思想的新颖性。Freud 1926 年那篇文章的开头一段称为《自我的弱点和依赖》（*Weakness and Dependance of the Ego*）。第一部分讨论了超我的攻击性、内疚感、忧郁和自杀的心理原因。当读者讨论到《抑制、症状和焦虑》时，他们也已经读完了 *The Repetition Compulsion and Anxiety*（第 20 章）和 *The Doctrine of Psychic Instances*（第 21 章）。这篇评论的长度和丰富性非常好，有 30 页，分为五个不同的部分❷，表明了 Musatti 对 Freud 1926 年文本的重视。

现在让我们来考虑第二个文本的主要特点。

Semi 的专著

Semi 在编辑专著时所做的概念选择反映了他与精神分析传统截然不同的关系，这是文化背景发生根本改变的结果。在这本书出版时（Semi, 1988a, 1988b），精神分析运动及其主要机构国际精神分析协会刚刚正式承认精神分析不可避免的理论多元化（Wallerstein, 1988, 1990）。意大利精

---

❶ 在本次阅读中，随后指出的"形式上的不完美"和"大量不同的观点"（Musatti, 1978；Servadio, 1951）往往都没有被注意到。本次阅读的主要目的是将 Freud 的概念创新理解为移除但保留（*Aufhebung*）的例子，黑格尔将这一概念誉为思想和历史发展的逻辑。最能说明这种解释的文本可能如下。Musatti 试图论证与第二主题相关的理论与神经症性起源的假设不一致。"我们已经证实了，"他写道（Musatti, 1978）[394-395]，"神经症的性相关病因，但我们也说过神经症是由本我和自我之间的冲突产生的，为了研究本能是如何发挥作用的，我们使用了二元论，并区分了力比多本能和攻击性本能。这种推理似乎是矛盾的：要么是攻击性本能相互竞争，以确定神经症的病理状况，从而导致神经症纯粹性病因的原理崩溃；要么这个原则被认为是正确的，我们应该假设自我和本我的一部分之间的冲突是致病的原因，并且自我和本我之间没有一般的冲突。"Musatti 认为，这种概念上的差异可以用以下方式来解释："这种矛盾实际上并不存在。力比多本能和攻击性本能不是本我的两个独立部分，而是联系在一起的……因此，神经症的性病因原理，以及它们是自我和本我之间冲突的结果，都是同样有效的。"（Musatti, 1978）

❷ Musatti 的文本组织如下。自我如何防御本我：a. 抑制；b. 潜抑、隔离和撤销。神经症性焦虑的问题：a. 力比多转化为焦虑的理论；b. 神经症性焦虑和自我防御；c. 焦虑和出生创伤。还有对神经症症状的自我防御。

神分析界在相当长一段时间内都持有类似的结论，他们认为有必要评估 Freud 和后 Freud 精神分析的基本原则和发展。Semi 的工作是这种集体反思的可见结果。

正文分为两部分，每部分约 800 页，由 30 多位作者撰写。第一部分集中在理论和技术方面的观察（Semi，1988a），第二部分集中在临床实践和治疗技术方面（Semi，1988b）。"Freud 模型"出现在第一部分的第二章（Petrella，1988）中，介于关于 Freud 哲学和科学教育的开头（Funari，1988）与详细的书目结论（Barale，1988）之间。

"模型"一词的选择大概反映了其对 Bion 思维方式的间接引用，当时 Bion 在意大利精神分析学家中已经很有影响力（Gaburri et al.，1988；Neri et al.，1987）。根据 *Learning from Experience*（Bion，1962）一书，作者认为需要在异质元素之间用科学模型来建立临时联系，从而为过于混乱的观察带来秩序。此外，"模型"一词也反映了 Bion 的担忧，即精神分析理论可以用来避免经验引发的情绪（－K），而不是从中学习（＋K）（Ferro，2002，2010）。"模型"一词的使用是通过引用"函数"和"因素"这两个术语来完成的："如果分析师观察函数并从中推导出相关因素，那么理论和观察之间的差距就可以弥合，而无需详细阐述新的、可能被误导的理论。"（Bion，1962）[21]

Fausto Petrella 为 Semi 的论著所写的文章似乎也是如此。作者指出，不同版本的"Freud 模型"可以"直接从 Sigmund Freud 的作品中提取"（Petrella，1988）[41]。只有"检查 Freud 写作的哪些特征是制定和使用模型所必需的"（Petrella，1988），才能正确识别这些重建的特异性。换句话说，我们需要理解"Freud 赋予建模的位置和功能"，并特别注意影响模型构建的"功能方面和实际需求"（Petrella，1988）。

Petrella 首先分析了 Freud 写作中存在的困难。然后，他继续重建 Freud 理论的各个阶段，主要关注早期作品 *Project for a Scientific Psycholoy* 和《梦的解析》，这些作品被认为对理解考古隐喻的起源至关重要。

只有在最初的重建之后，Petrella 才解决了评估 Freud 作品中理论和辅助结构的价值问题。文本的组织反映了一种信念，即 Freud 的理论定义非常困难，甚至不合适，因为它增加了理论被视为真实和具体对象的风险❶。"如果，正如我们所认为的那样，"他写道，"Freud 的模型和理论仍然有生命力，那么必须在开放和非系统的理论发展中、在无休止的论证和构建游戏中，以及在东拉西扯的流动中寻求生命力。"（Petrella，1988）[100]

这种解释的结果非常精妙。在对 Freud 文本的研究中，就像在这类复杂的研究中经常发生的情况一样，Petrella 准确地找到了他的"模型"——在所有其他可能的模型中，他能够找到的模型。这项研究缺乏对每一篇文章的详细调查，因为在他看来，不同的理论共同描述了再现心理及其功能的普遍需要。此外，一些理论（如俄狄浦斯情结、婴儿性行为、移情和梦中工作）"不是理论，而是可以在自己和患者在分析实践的反应中建立的证据"（Petrella，1988）[103]。然而，对于其他理论（Petrella 选择的例子非常有趣："死本能的想法"），人们必须认识到结果是部分的和有争议的："这只是一个假设，一种可能的看待事物的方式或理论的要求，而不是一个可以证实其存在的真实客体。"（Petrella，1988）[103]

在 Petrella 的结论中，Freud 的理论变成了"一种含有不同结晶潜能的母液"。在 Semi 的专著中，"Freud 模型"是一个连贯但有点难以捉摸的整体，Petrella 写道："一个多变的、不断变化的存在。""它倾向于逃避任何单方面和部分的解释。"（Petrella，1988）[104]

Freud 写作的维度

现在让我们试着把自己从传统的阅读方法中解放出来，并使用一种经常被认为是必要的方法：仔细阅读 Freud 的文本（Grubrich-Simitis，1993；

---

❶ 为了理解"Freud 理论各个部分"的意义，Petrella 写道："我们需要认识到，使文本结构活跃起来的张力来自张力平衡中两种相反的力量：a. 一个出现在描述和理论构建中的想象时刻；b. 一个倾向于限制想象的时刻，既通过将其推迟到临床治疗实践，也通过有意识地改变接收材料的角度。"（Petrella，1988）

Ogden, 2009; Riolo, 2010)。许多作者建议使用小组阅读和讨论的方式，以揭示 Freud 写作中被忽视的维度（Anzieu, 1986; Ferro, 2005, 2010; Quinodoz, 2004）。我在这里提出的建议源于这种做法，并使其多样化。

我建议，在阅读这些文章时，作者本人应该被一种影响主题精神组织的内在群体所激励。从这个角度来阅读文本，你会遇到一个多维的、多元的主体，他陷入思考的思想仍然是分散的、无序的、即将到来的（正如 Bion 的一个著名公式所提出的那样，这些思想仍然在寻找一个思考者）。这不是一个沉着、和谐一致的个体，而是一个在分析和综合之间无序波动的 Freud，他试图构建旨在整合临床观察、政治决策和理论需求的假设。

让我们看看有哪些假设和需求。

许多《抑制、症状和焦虑》的著名读者宣称，当他们努力确定一个概念上统一的组织时，他们的第一反应是困惑（例如，Servadio, 1951; Strachey, 1959）。这部作品由 11 个短章节组成，总共约 88 页，没有一个章节有标题；章节只是简单编号，仿佛它们构成了笔记集，而不是准备出版的文本。

在某种程度上，只有第十和第十一章满足了读者的需要，找到了精神分析学奠基者确定而令人信服的叙述。这些章节的开头首先试图总结 Freud 对这个主题的思想，并以一节结束，分为三个段落，强调了为了理解神经症的起源必须考虑的因素的重要性。第十一章则与前一章截然不同，在理论和文体上都有所修正。

在第十章中，我们看到工作中的 Freud 作为分析运动的领导者的思考和行动。在一个武断的开头——一个极其简短的句子：*Die Angst ist die Reaktion auf die Gefahr*（"焦虑是对危险的反应"）(1926d)[150] 之后，他继续研究了"两种尝试"，以发现是哪些"因素"使一些人"在受到焦虑的影响后，尽管焦虑的特殊性质，仍然能够进行正常的思维活动，或者是哪些因素决定了谁注定会因这项任务而悲伤"(1926d)[150]。

第一次尝试提到的是 Alfred Adler 的作品，写了几行，非常令人惊讶，因为 20 世纪 20 年代的转折点构成了驱力理论的重塑，为 Adler 关于攻击性的假设留下了空间。根据 Freud 的说法，Adler 的解释是"把精神分析所揭示的所有物质财富都抛开了"，因此必须予以拒绝（1926）[150]。但这些文章中真正的争论对象是 Otto Rank，尤其是他一年前发表的出生创伤理论。根据 Freud 的重建，这一理论认为出生是人类遇到的第一个危险情境。由此产生的情绪动荡构成了焦虑状况的原型。每一次连续的呈现都是试图"宣泄"一个人生命中的第一次创伤。

起初，Freud 写道："将他的尝试与 Adler 的尝试相提并论是不公正的。"然后他宣称"我们不应该在这里苛刻地批评 Rank 的假设"（1926）[151]，这是 Adler 的理论立场。然而，几行之后，他声称出生创伤理论"从神学的角度来看是有争议的"，它是"飘浮在空中的，而不是基于确定的观察结果"（1926）[152]。在批评的最后，Freud 写道，"Rank 的理论完全忽略了体质因素和系统发育因素"（1926）[151]，并用几句非常简洁的话结束了他的批评意见❶。

似乎对这些结论不满意，Freud 接着又加了一章，这一章的标题是"附录（Nachträge）"。在用似乎是结论性的评论结束了前几页之后，Freud 出人意料地重新开启了讨论❷，并重新审视了他写到的那些过早被搁置在一边的主题。就好像他已经完成了他觉得有义务承担的政治任务，他觉得有必要研究他对自己的立场所做的修改的理论后果。

（Freud）撰写这些篇章（附录）时与撰写第十章的状态不同。作者在这里的兴趣似乎集中在确定那些使进一步深入分析成为可能的概念上，而不是进行技术和理论上的有限综合。Freud 与其说是一位激烈反对他人观点的系统理论家，不如说是一个陷入困境的思想家，他希望重新排列自己使用的类别。

---

❶ 在谴责《出生创伤》作者的句子中，存在以下断言："我无法认同 Rank 的理论与迄今为止精神分析所认识到的性本能的病因重要性相矛盾的观点。因为他的理论只涉及个人与危险情境的关系，因此我们完全可以假设，如果一个人不能掌控自己的第一次危险，他必然会在以后涉及性危险的情况下陷入悲伤，从而患上神经症。"（1926d）[152] Freud 继续说道："因此，我不相信 Rank 的尝试解决了神经症的病因问题；我也不认为我们到目前为止还能说它对解决这一问题有多大的贡献。如果调查分娩困难对神经症倾向的作用，得出的结果是否定的，那么我们将把他贡献的价值评为低。"（1926）[152]

❷ 第十章最后写道："除此之外，我相信，我们对神经症的性质和原因还未了解。"（1926d）[156]

第十一章（"附录"）的第一部分题为"阻抗和反贯注"，再次提出了潜抑理论，在这里，通过坚持反贯注（*Gegenbesetzung*）在使潜抑随着时间的推移变得更加稳定方面所起的作用，重新阐述了这一理论。这导致了对阻抗功能的重新思考，阻抗最初被指出为自我的专属能力，随后被分为五种类型（*fünf Arten*），它们起源于三个不同的部分（*drei Seiten*），即本我、自我和超我。

Freud 接着批评了他一直坚持的焦虑理论（来自力比多转变的焦虑），并重新对其发生兴趣，而此时在实际神经症中这个理论已经过时了。他承认，这一概念受到了 20 世纪 20 年代对精神装置局部重组的影响。考虑到自我主要是用去性化的能量工作的，于是提出以前不存在的理论替代方案：焦虑是由自我产生的还是由内驱力产生的（因此是由本我产生的）？Freud 并没有声称自己已经完全理解了这种现象，他写道："我希望我至少已经成功地把矛盾说清楚了，并清楚地说明了问题所在。"（1926d）[161]

最容易让人联想到 Freud 的武断结论的部分是附录中题为"潜抑和防御"部分。在这里，Freud 回到了第六章中描述的关于心理机制的直觉，并批评了他之前将防御降低为阻抗机制的做法，但没有提到隔离（*das Isolieren*）或撤销（*das Ungeschehenmachen*），Freud 承认，他经常认为潜抑是唯一的防御形式 ［在他最具政治性的文本之一中，他将其定义为基本支柱（*Grundpfeiler*），即以支柱作为比喻（Freud, 1914）］。然后，他提议重新使用防御过程（*Abwehrvorgang*）的概念，这是他在很久以前出版的文本中使用的概念（Freud, 1894a）。

似乎是被迫重现他最近创造的 3+2 模式来分类阻抗，Freud 接着在 A 部分之后增加了 B 部分和 C 部分。在 B 部分"关于焦虑的补充意见"中，他尝试了另一种综合方式，然而，他再次未能获得满足，因为他所描述的不平衡（主体的精神资源与内部和外部危险之间的不平衡）回到了创伤的概念，这反过来又重新打开了复杂的理论问题，可能还有个人问题。在 C 部分"焦虑、痛苦和哀悼"中，只有在文本的最后 12 行中讨论的最后一个主题——哀悼，解释它"不再有任何困难"（1926d）[172]。其他的一切（焦虑、内驱力、客体丧失的威胁和精神痛苦之间的复杂关系）又回到了"从自恋性贯注到客体贯注的转变"，并构成了一堆仍然难以定义的问题（1926d）¹⁷¹。

我们如何解释所有这些困难和犹豫？我认为我们的理解将取决于对 Freud 文本前几章的仔细阅读。

《抑制、症状和焦虑》的前几章

在第一章中，Freud 开始像一个自然主义者（即正如我们今天所说的描述性精神病理学家）一样反思，他解决了区分功能抑制和症状学产物的问题。尽管这条道路很快将他带到了自我的功能和它们的功能障碍，这些功能表现为无尽的神经质情感（正如我们将在下一段中看到的那样，这条道路非常有趣），但在第 1 页他立即表现出了不耐烦。"但这一切真的没有什么意义，"他愤怒地喊道，"正如我们所说的那样，这个问题并没有让我们走多远。"（1926d）⁸⁷

这句话只是 Freud 对文本、精神分析理论的实质以及最终对他自己提出的一系列批评中的第一句。在第二章的结尾，在确定了自我作为潜抑的积极主体和自我作为弱代理之间的一个相当有趣的矛盾之后（因为它屈服于超我和外部现实的双重影响——这是欧洲精神分析和北美自我心理学之间激烈争论的问题），Freud 写了一篇长文，反对那些认为精神分析是一个绝对连贯的概念系统的人。他认为精神分析不是世界观的建构。❶

第三章开始于对精神分析分类价值的重新评价 ["明显的矛盾是因为我们对于抽象的理解过于僵化，在实际复杂的事务状态中，排他地选择关注一边或另一边"（1926d）⁹⁷]，并坦率地承认理论的不足来结束 ["因为我们

---

❶ "我必须承认，我一点也不赞成捏造世界观。这一切都留给了哲学家们，他们公开表示，如果没有这样的《贝台克旅游指南》为他们提供每一个主题的信息，就不可能完成他们的人生旅程。让我们谦卑地接受他们从其优越需求的有利地位上蔑视我们。但既然我们也不能放弃自恋的自豪感，我们会从这样的反思中得到安慰，即这种生活手册很快就过时了，正是我们目光短浅、狭隘而挑剔的工作迫使它们出现在新版本中，而即使是最新的版本，也只是试图寻找一种古老、有用和充分的教会教义的替代品。我们非常清楚，迄今为止，光科学能够解决我们周围的问题的能力是多么的有限。但无论哲学家们怎么做，他们都无法改变现状。只有耐心、坚持不懈的研究，一切都服从于一个确定的要求，才能逐渐带来改变。无知的旅行者可能会在黑暗中高声歌唱，以否认自己的恐惧；但是，尽管如此，他看不到比鼻子更远的地方。"（1926d）⁹⁶

还不能考虑强迫性神经症、偏执狂和其他神经症症状的形成条件"（1926d）[100]。

第四章回顾了"小汉斯"和"狼人"的分析结果，并得出结论，即区分源自自我的焦虑和源自驱力的潜抑的焦虑并不容易："将焦虑的两个来源归结为一个来源并不容易。"（1926d）[110] 尽管临床和理论结果绝不平庸（这些页面包含了真实焦虑、自动焦虑和信号焦虑之间的区别），但 Freud 对这个主题仍然不够清楚，他写道："但这对我们来说毫无意义。另一方面，我们对恐惧症的分析似乎无法纠正。尚不明确。"（1926d）[110]

然而，最令人不安的说法是在第七章的开头，Freud 经过第五、第六章对强迫性神经症的研究之后，回到了对恐惧症的研究，并写下了这句决定性的症状性句子："在研究了这么长时间之后，我们仍难以理解最基本的事实，这几乎是一种耻辱。"（1926d）[124]

如果想不到一个与书写最后几章政治和理论内容的 Freud 完全不同的 Freud，就很难理解这些自我批评的言论。写下这些曲折长段文字的 Freud 是一个临床 Freud，至少从两个意义上来说是这样。

我们知道，20 世纪 20 年代对精神分析学的创始人来说是一个极其困难的时期。第一次世界大战后，Freud 不再住在一个伟大的多民族帝国的首都，而是住在一个颓废而怀旧的城市，再也回不到前几十年的辉煌。许多与他关系密切的人的死亡［尤其是他的女儿 Sophie 和喜爱的侄子 Heinerle，还有 Anton von Freund 和他的侄女 Caecilie Graf（她 23 岁时自杀……"最好的侄女"）］，以及其癌症的发现，这伴随着他死亡的到来，促成了他的传记作者随后对他的抑郁沮丧状态的详细讨论（de Mijolla，2003；Gay，1988；Major et al.，2006；Speziale-Bagliacca，2002）。

其他痛苦的事件发生在他写《抑制、症状和焦虑》的那一年。Freud 70 岁生日后的几个月内，他最慷慨的导师 Josef Breuer 和最忠实的学生 Karl Abraham 去世了。1926 年 2 月，他的健康状况恶化，出现了焦虑危机，这让他非常不安（听到他的问题后，Ferenczi 提出去维也纳对他进行分析，Freud 对此表示感谢，但坚决拒绝）。

因此，我认为书中的 Freud 是一个"临床"Freud，主要是因为他对抑郁、强迫性防御和焦虑的兴趣具有直接的个人意义。Freud 本人为这一假设提供了最令人信服的证据。在这本书的第一章，他写了一段加密的自传体段落，这些段落在他的一些文本中比比皆是（Grubrich Simitis, 1997）。

关于这种强烈的、虽然短暂但普遍的抑制，我遇到了一个很有启发性的例子。这个患者是一个强迫性神经症患者，过去常常受到一种麻痹性疲劳的强烈影响，每当发生明显应该让他勃然大怒的事情时，这种疲劳就会持续一天或数天。我们在这里有一个观点，即从这一点应该有可能理解抑郁症的普遍抑制状态，包括最严重的形式——忧郁。(1926d)[90]

如前所述，"临床"一词还有第二个含义。

我们知道，Freud 能够从这些精神状态中提取出反映自己的材料。正如他在第一次自我分析时所做的那样，在本文中，这位精神分析的创始人也在对自己的研究和对他人身上观察到的现象的研究之间摇摆不定（Anzieu, 1986; Grubrich-Simitis, 1997）。通过将写作作为一种研究工具和治疗手段，Freud 成功地做了只有伟大作家才能做的事情：他把自己视为另一个人（Derrida, 1987, 2007, 2008; Mahony, 1987; Ricoeur, 1990）。从这个意义上说，1926 年写下这本书第一章的 Freud，是第二个意义上的"临床"Freud。写这几页的人是一位研究人员，他反思他人的心理障碍，并将自己从当代精神病学的自然主义中解放出来（对他和我们来说都是当代的），这要归功于一种严格意义上的精神分析：愿意通过最大限度地利用自己的心理资源并认真发挥自己的作用来解释临床材料。

精神分析模型和临床研究

这篇文章的标题是 *Freud's Writing in the Twenties*，目的是将读者的兴趣引向两个不同但互补的方向。事实上，这个标题既是这项研究目标（精神分析创始人第一次世界大战后早期的著作）的一个指示，也是一个表明认同作者并将其贡献置于历史背景中的可能性的句子。Freud 在沉思，当我们阅读时，我们试着想象他是如何生活的、他是怎么想的。

那么，当我们在认同和历史化之间、在沉浸于文本和与文本保持批判性距离之间徘徊时，我们得到了什么呢？

我认为总结这些结果的最好方法是展示我们在 Freud 作品中发现的想法与仔细阅读进行比较，是如何丰富我们对临床材料的理解的。因此，我将通过讨论一个既需要临床关注（在更传统的意义上）也有意愿将自己的心理功能纳入观察领域的病例来结束这一贡献。"临床"一词的后一个含义，已经在前一段的末尾描述过，发展了 Freud 的观点，即精神分析是一个无休止的过程，分析师仍然是一个分析者，因此临床医生从未停止过作为一个患者。

Michela 是一位四十岁左右的女性，她的症状主要是抑制性的。她患有进食障碍，描述了一种持续但似乎能很好地忍受的生活方式，在做出人生中的重要决定（换工作和结婚）时遇到了严重困难，怀疑到了愤世嫉俗的地步，她似乎生活在一个永恒而令人失望的现在，没有任何可能的未来。

开始治疗几周后，她突然出现了一种前所未有的焦虑。我们在本周的最后一次会谈上讨论了这个问题；如果精神分析是一种治疗方法，她问自己和我，为什么我开始感觉这么糟糕？在她提出这一观点的同一次会谈中，Michela 描述了一个梦。

她发现自己在岛上，她的家人在那里有一所房子（她的父亲在她 8 岁时就在这个地方去世了）。在吃午餐的餐厅里，她遇到了一些娱乐圈的名人（岛上的人气越来越高，房地产价格不断上涨，她说现在可能是房子出售的合适时机……）。在这些贵宾中，有一位她不喜欢的电视主播，她说，因为"他太讽刺了"。他们聊的时间很长，但她只记得他们谈话中的一句话。Michela 知道这个主播买的房子很大，非常漂亮（事实上，一位著名的摄影师是岛上最优雅的房子之一的主人）。然而，她家的房子有着无价之宝的品质：与主播的房子相比，"我的房子离海最近"。

在组织患者心理功能的因素中，她父亲的死亡（他在一次潜水中死于海上，而他的妻子和女儿在船上等他）无疑起着至关重要的作用。正如Christopher Bollas的公式"未知"（unthought known）所描述的那样，患者通过诉诸有效的否定机制来阐述这种创伤经历。就好像Michela既知道也不知道：她知道父亲的早逝对她来说仍然是一个悬而未决的问题；但与此同时，她似乎不知道这次死亡对她造成了什么后果。

为了理解这样的临床现象，重新思考《抑制、症状和焦虑》中概述的防御机制仍然是必不可少的。Freud在20世纪20年代描述了拒绝（*Verwerfung*）、否定（*Verneigung*）和否认（*Verleugnung*）的激进操作，是对1926年作品中描述的隔离（*das Isolieren*）和撤销（*das Ungeschenmachen*）的一种概念上的发展，并在本文早些时候进行了讨论。这些概念可以用来更深入地分析Michela的心理过程；但为了达到这个目的，也有必要使用反贯注的稳定功能这一概念，以及潜抑的主要过程和次要过程之间的区别（Freud，1926d）。

使用这些分类，我们可以想象海滨的房子是情感投资系统的一部分，这是过早失去父母客体的结果。他们的功能可能是多重的：保证情绪稳定，创造想象中的家庭安全感；为身份组织过程提供物质现实；并通过转向并实施可控的、物理的确定性来避免人际关系带来的问题——房子是精神家园的替代品。

在任何情况下（独立于临床材料强调的情绪场景），Michela的突然焦虑可以被视为一种附带现象：其结果是发生在心理内部和人际层面的信号（*Signalangst*）的转变过程。

作为重大转变事件信号的心理现象是分析室中随着时间的推移发生的微观转变过程的结果（Ferro，2005）。当这种情况没有发生时，通常是因为患者的支柱（*Grundpfeilers*）（他/她的心理功能的防御支柱）与分析师的潜抑和/（或）否定机制相结合，从而创造了那些顽强的阻抗形式，我们将其定义为"壁垒"（Baranger et al.，2008）。

为了降低这种情况发生的风险，有必要非常认真地对待患者所说的话，特别是检查他们激动人心的故事情节的结构和临床对话所引入的变化（Ferro et al.，2008）。

治疗中叙述的生动人物是一位过度讽刺的主持人。这个有趣的临床事实可以用多种方式来解释。如果我们选择将他解释为一个移情的人物，那么问题就在于理解他的功能和解释他的表现。他是一名电视节目主播，知道如何让观众迷上他的节目。正如他的角色是将整个节目联系在一起一样，这个角色可以相当有效地隐喻精神分析师的工作，即让他/她的患者"锚定"，或者换言之，与他们的精神生活保持联系。然而，在 Michela 的案例中，提到锚和海底的暗示，可能也是指向她父亲的去世和她内心深处埋藏的情感的一个迹象。

无论是什么情况，很明显，分析师（在岛上）已经出现在患者的心理视野中，伴随着着陆而来的焦虑表明了这种变化的相关性。Michela 肯定对对话者的家感兴趣，但她与这种心态作斗争，并坚定地肯定她对自己的老房子（离大海"最近"的房子）的忠诚。

但对被选中角色的讽刺意味着什么？他是一个令人不快的角色，仅仅是因为他的工作令人讨厌吗？或者，患者的对话是否表明了一些让她非常不安的事情，例如，她不喜欢分析师的个人风格。

在这个框架下，分析师如何以改变被分析者的对话和被分析者的心理功能为目的进行干预？被困在岛上的小 Peter Pan 终于准备好迎接 Hook 船长了吗？还是让她在面对 Hook 船长之前多做一些准备会更好呢？是否有必要谨慎行事，只进行那些间接和简单的干预，以保持环境的稳定并温和地保持过程进展？还是有必要进行更积极的解释，更直接、更清楚地处理心理上存在问题的纠缠？

简言之，Michela 是否因为分析师在做他的工作并促使她思考而感到痛苦？还是她的痛苦是一个信号，表明分析师没有足够地参与，他和她不一样，她觉得他太冷漠了？

结束语

在这篇文章的开头,我坚持认为,阅读 Freud 的作品是文本和读者之间的互动过程,它遵循着许多解释路径,这些路径往往看起来不可避免,有时甚至变得过度。我的工作旨在证明,在消化精神分析理论的同时,有可能在尊重解释传统与寻找精神分析师思维和写作所固有的不同维度之间取得平衡。 Bion 在 *Learning from Experience*(Bion, 1962)[39] 中写道:"作为一种让自己更加清晰明了的方法,分析师需要常备自己经常使用的精神分析理论书籍,并标记所认同的页码和段落号。"

在 Freud 理论中,这一建议特别有用,因为概念的主体是这样的,消化过程很容易变成理论消化不良(Ferro, 2010; Kernberg, 1996; Wallerstein, 2005)。

尽管很难实现,但从事这样的工作至少有两个充分的理由。

作为执业分析师,这个问题具有不可避免的临床相关性:我们今天遇到的新型患者(他们/我们的自恋脆弱;他们/我们不愿在情感上做出承诺;他们/我们动荡的情绪不稳定性)使得我们有必要重新思考我们的知识是基于什么,以及我们的治疗技术是如何工作的。但是,我们在 Freud 著作中所能看到的对内在多样性的容忍,对于改善训练(更多地关注方法和治疗过程,而不是我们需要让自己放心的理论结论)以及改善精神分析机构的运作和政治生活也很重要。

不管我们喜不喜欢,"我们还没有获得教条主义僵化的权利,我们必须准备好一次又一次地耕种葡萄园。"

9　成年子女的死亡：哀悼的当代精神分析模式

乔治·施耐德（Jorge Schneider）❶

在《抑制、症状和焦虑》（1926d）一书中，Freud 从两个角度讨论了哀悼现象。首先，他试图区分抑制和症状。他将抑制定义为由于需要保护或能量匮乏而对自我的限制。在哀悼中，所涉及的困难和痛苦的心理任务会耗尽自我的能量。其次，他谈到了焦虑的根源。他提出了一个问题，即当失去一个客体时会引起焦虑，那什么时候会引起哀悼。对他来说，婴儿想念母亲是一种创伤，因此当婴儿感到母亲应该满足自己的需求时，就会引发哀悼。另一方面，如果目前没有这种需求，它就会变成一种引发焦虑的危险情境。当他确定哀悼是在现实测试的影响下发生时，他进一步阐述了哀悼的问题。自我要求失去亲人的人将他/她与不再存在的客体分开。这最后一个提法成为他 1917 年论文《哀伤与忧郁》的基础（1917e）。

失去成年子女的父母有些特殊问题。与任何丧失一样，这也涉及许多变量，例如父母和孩子的人格结构、死亡儿童的年龄以及环境的反应。我的前提是，由于父母和成年子女之间形成了特殊的纽带，哀悼是无法完成的。对于母亲来说，这种联系可能特别紧密。Hagman（1995）对 Freud 以来的分析家提出了异议，他们认为哀悼的过程和症状是普遍的。从这个角度来看，哀悼的心理和行为现象远比精神分析文献中描述得更为多样。对 Hagman 来说，文化、历史时期、家庭和个人心理动力学等变量会影响人们哀

---

❶　乔治.施耐德：医学博士，在布宜诺斯艾利斯大学医学系获得医学学位，在芝加哥接受了精神病学和精神分析培训。他目前是芝加哥精神分析研究所的培训和督导分析师，美国西北大学医学院精神病学助理教授。芝加哥精神分析研究所前院长。芝加哥精神分析学会前主席和芝加哥青少年精神病学学会前主席。

悼的方式。

Freud 的论文《哀伤与忧郁》

  Freud 对将哀悼与我们现在所说的抑郁症区分开来的心理过程的理解从未被取代。值得注意的是，他 1917 年发表的一篇论文仍然具有如此强大的临床应用。众所周知，Freud 认为哀悼是一个正常的过程，当个体面对所爱的客体已经死亡的现实时，哀悼就开始了。要求撤回对客体的力比多依恋会产生对立，并使这个过程变得缓慢而痛苦。哀悼的过程是"一点一点"进行的，包括与客体联系在一起的记忆和期望。最终，当自我变得自由时，哀悼的工作就完成了，主体准备好了去贯注一个新的爱的客体。

  在忧郁中，情况就不同了。Freud 试图解释为什么忧郁的患者会有如此严重的自尊丧失。正如他所描述的那样，"在哀伤中，是世界变得贫穷和空虚，在忧郁中，是自我本身变得贫穷和空虚"（Freud, 1917e）[246]。他描述了我们通常在抑郁症中看到的情况：痛苦的沮丧、对外界的兴趣丧失、丧失爱的能力、活动受到抑制、自尊下降、伴随着自我谴责和谩骂。他认为，在忧郁中，涉及一个不同的心理过程。所爱的客体，不是慢慢地从力比多投资中脱离出来，而是通过认同机制成为自我的一部分。良心，后来被称为超我，施虐地攻击丧失的客体，现在是主体自我的一个方面。通过这种方式，Freud 能够解释自我谴责和自尊的丧失。在无意识中，个体正在攻击爱的客体，现在它是自我的一部分。但是，为什么主体需要攻击爱的客体呢？Freud 在这一点上不是很清楚，只是暗示已经退行到了施虐的发展阶段。他确实推测了某些人变得忧郁的可能原因：基于自恋的客体选择、对爱的客体有强烈的依恋和（或）对客体强烈矛盾的体验。孩子通常被认为是父母尤其是母亲的自恋延伸。Freud 在他 1914 年的论文《论自恋》中描述了孩子很早就是母亲内心世界的一部分。他在书中谈到了自恋的女性，但我们现在可以把它看作一个正常的发展阶段。他说："在他们所生的孩子身上，他们自己身体的一部分就像一个无关的客体一样与他们对峙，从他们的自恋开始，他们就可以给予完整的客体爱。"（1914）[89]

两种精神分析模型：矛盾的还是互补的？

在与这群患者的合作中，我的印象是，完成哀悼过程的困难与强烈的自恋依恋有关，在某种程度上，与这些父母对孩子的矛盾心理有关。自恋依恋是如何在临床上表现出来的？通常是通过理想化。这些孩子被他们的父母高度理想化了。他们通常聪明、有成就、善于交际。成年孩子的死也代表着对父母全能感的伤害：他们无法帮助孩子活下去。Freud 将理想化描述为对客体的高估。当孩子努力放弃他/她最初的自恋或完美感时，这与自我理想的建立有关。Heinz Kohut 从同一点出发，但发展了一种不同的自恋理论。正如他所描述的，孩子试图通过将其交给两种心理结构或幻想来拯救他/她最初的自恋：①一个自恋的、无所不能的、完美的自体客体，即理想化的父母意象；②一个夸大幻想的宝库，即夸大的自体。在正常的发展过程中，通过阶段性的挫折和失望，这些原始的心理结构融入了人格。原始形式的自恋发展为成熟形式的自恋。在 Kohut 的模型（1971）中，自恋有一条独立的发展线。通过这种方式，他与 Freud 不同，Freud 认为自恋进化为客体之爱。

当孩子面临慢性创伤经历时，这些自恋结构并没有融入人格的其他部分，而是保持在原始状态。作为一个成年人，个体会寻求对高度理想化的人物的依恋，或者要求认可和赞扬。在临床情况下，Kohut 将这些重新激活的需求称为理想化和镜像移情。虽然 Kohut 描述了自恋的精神病理学，但他也强调了孩子的正常需求，即有一个可以让他/她理想化的父母，他/她的自体得到认可和钦佩的回应。换言之，为了正常的发展，父母应该允许自己被理想化。他/她也应该能够共情地回应孩子的表现欲需求。从这个角度来看，孩子对父母和父母对孩子都有一定程度的理想化是被期望的。Freud 也提出了这一点。

Melanie Klein（1935，1940）是另一位致力于研究哀悼和忧郁问题的分析师。和 Freud 一样，她利用这个临床实体来开发一个心智模型，并思考心智的正常发展。Kohut 和 Klein 都对俄狄浦斯前发育感兴趣。两位学者都认为忧郁起源于早期发展阶段。两者的不同之处在于，对 Klein 来说，问题在于原始的未解决冲突。对 Kohut 来说，这是由于环境反应不佳而导致的发展停滞。我相信这两种模型是相辅相成的，在哀悼和忧郁背景下的精神分析就是一个很好的例子。Klein 比 Kohut 更好地理解了矛盾心理，因为它与抑郁有关。另外，我相信 Kohut 对正常自恋和病理性自恋的理解让我们更好地了解了成年子女死亡时父母自恋领域发生的事情。

Melanie Klein 的客体关系理论涉及两个发展阶段：偏执-分裂位相和抑郁位相。它包括好的和坏的客体的变化以及投射性认同作为构建心理结构的主要工具的机制。这是一个关于内在客体关系的理论，尽管与 Kohut 的模型不同，但提出的一些问题非常相似。例如，抑郁位相的一些发展成就与 Kohut 对内聚自体的描述相似。正是在抑郁位相下，婴儿才意识到他/她对客体的矛盾心理。在这个关键的节点上，父母被视为一个整体客体（在偏执-分裂位相下，客体是一个部分客体），婴儿意识到他/她既爱又恨同一个客体。幻想通过他/她的攻击摧毁爱的客体，而引发哀悼、抑郁和内疚的状态。对 Klein 来说，这是一个正常的发展阶段。婴儿试图通过修复和包括理想化在内的各种躁狂防御在一定程度上解决了这一问题。对 Klein 来说，抑郁通常产生于这一发展阶段。

当代 Klein 学派的分析人士曾写过关于哀悼的困难。Kancyper（1997）描述了爱与恨之间的矛盾心理。他觉得怨恨和悔恨取代了哀悼。他特别想把可恨的感觉和怨恨的体验区分开来。当怨恨占据上风时，就会产生"复仇的激情"。在怨恨的状态中，否认、理想化和攻击性占据上风，这是为了避免创伤和自恋的不满。我们经常在成年子女自杀的父母身上看到这种情况。他们对治疗子女的专业人员感到愤怒，威胁采取法律行动，或者实际上参与了昂贵而痛苦的诉讼。

Steiner（1990）谈到了人格中的病理组织，它们阻碍了哀悼。这些组织导致对自体和客体之间分离的否认，从而防止患者经历挫折和嫉妒。分裂和投射性认同导致了一个复杂的结构，在这个结构中，自体的一部分被困在它们入侵的客体中。组织的僵化阻止了分离。对 Steiner 来说，这个组织主要是为了抵御难以忍受的罪恶感。内疚的作用，在这种情况下，是有意识的内疚，在下面临床案例患者哀悼的困难中起着重要作用。

在临床上，根据人格的组织方式，理想化可能在不同的时间扮演不同的角色。这可能是躁狂防御的一个方面，包括否认和分裂，也可能代表着对理想化和适合发展的父母意象去理想化的需求的重新激活。我们经常看到分析师被迅速高估的现象，或者，另一方面，我们可能会看到对这种理想化的防御。Kohut（1971）描述的理想化移情是一种微妙的现象，并不总是容易识别的。他认为这为早期自恋障碍的分析提供了理想的条件。

这个简短的总结指出了区分正常自恋和病理性自恋的困难。我的观点是，在因死亡而失去成年子女的父母中，这两个方面都涉及在内。因此，我们必须在"哀悼"和"忧郁"之间找到第三个位置。这些父母确实会变得抑郁；他们也哀悼，但他们从未完全放弃对丧失的孩子的内在表征。Hagman（1995）认为，Freud 认为哀悼的基本目标是让个体从丧失的客体中分离出来，重新寻找新的客体。相反，Hagman 现在提出了以下的哀悼概念：

> 内部客体关系的重组允许一系列结果，从与死者的完全心理脱离到尽管永久失去但仍继续依恋。这种结构化过程的形式将根据移情因素和发展需求，以及社会规定和限制而有所不同。在大多数情况下，解决和重建与死者的关系是一个长期的过程，远远超出了适当的哀悼时间。(1995)[921]

哀悼和适应

Pollock（1961）从自我心理学的角度写作，认为哀悼是一个适应重大丧失的过程。哀悼的任务是保持内在心理平衡的恒定性。他描述了哀悼过程的两个阶段：急性期，包括震惊、悲伤、痛苦和对分离的反应；慢性期，各种适应机制试图将丧失的经历与现实相结合。哀悼过程的最终结果可能会在未完成的各种中间步骤处停止。Pollock 写了一个重要个体的死亡对个人的影响。他将正常发展所需的哀悼与一个客体实际死亡所激活的哀悼区分开来。他重申了理解客体丧失对个人的意义的重要性。父母在童年时期的死亡与父母在成年时期的死亡不同。童年时兄弟姐妹的死亡与自己孩子的死亡不同。他认为最纯粹的哀悼过程发生在成年后。他认为，即使在这个成熟的阶段，失去一个孩子也永远不可能被父母完全容纳和接受。他引用了 Freud 在他死去的女儿 36 岁生日纪念日写给 Ludwig Binswanger 的一封信：

> 我们知道，失去亲人后的极度悲痛终有一天会结束，但我们仍将无法得到安慰，而且永远也找不到替代物。任何来代替失去的客体的东西，即使它完全填满了它，仍然是不同的。（Pollock，1961）[353]

临床案例

Ann 是一名 55 岁的女性，嫁给了一个律师，一个有事业心但很难相处的人。她有两个成年的孩子，一男一女，都很聪明，都是成功的专业人士。她是父母三个孩子（两个男孩和一个女孩）中最小的。她的父亲是一位著名的商人。她怀着某种程度的矛盾心理把他理想化了。当她在一个特别棘手的情况下需要指导时，他总是可以提供帮助。她的母亲被描述为一个更被动的人，总是急于听从丈夫的建议。Ann 是一位受过高等教育、富有创造力的女性，尽管她不稳定的婚姻状况不断引发危机，但她仍在努力提高自己。我给她做了两年心理治疗，直到她的婚姻稳定下来。

2 年后，我接到了她的电话。她很沮丧，她告诉我发生了可怕的事情："你是唯一能帮助我的人。"她的女儿自杀了。在电话里听起来她很沮丧，我立即安排去看她。我开始每周见她三四次，在繁忙的日程安排下工作。我完全感到惊讶，因为根据之前的心理治疗，没有迹象表明她的女儿（一名成功的医生）患有抑郁症。慢慢地，随着治疗的发展，我能够更清楚地了解发生了什么。Ann 的女儿 Pat 去世时 32 岁。在她工作的医院，她与一位医生同事发生了婚外恋。她认为这是一段严肃的关系，但这个男人还没有准备好做出承诺，就离开了她。Pat 变得很沮丧，认为自己永远不会结婚。Ann 一直与女儿保持联系。在 Ann 给我打电话的前一周，她的女儿服用过量药物自杀了。

当我这次开始见到 Ann 的时候，她正处于深深的抑郁状态。她看起来非常沮丧，对外界失去了兴趣，活动受到抑制，自尊心下降，并伴随着自我谴责。她非常关心自己的身体，尽管这些疑病症在抑郁症患者中很常见，但后来人们发现这是她性格的特征。她发现很难离开她的房子，她不想面对外面的世界。尽管如此，她还是能来参加她的治疗，而且很少缺席。

治疗对 Ann 和我来说都非常痛苦。她开放地表达了自己的悲伤，讲述了去年她试图帮助女儿应对对那个和她有关系的男人的失望和愤怒。 Ann 为自己无力帮助女儿而苦恼不已。她觉得自己作为母亲很失败。她越感到内疚，就越感到沮丧。除了向她表达我对她痛苦的认识之外，我也无能为力。偶尔，当我无法忍受 Ann 强烈的内疚时，我建议她对女儿的行为承担有限的责任。但她无法控制 Pat 的行为。

治疗以这种方式继续了 2 年。慢慢地，她开始意识到自己也在生 Pat 的气："她怎么能这样对自己和母亲？"这种愤怒解释了 Ann 的一些罪恶感，以及她无力帮助女儿的原因。前两年的治疗是"不稳定的"。慢慢地，她的抑郁症有所好转，但在周年纪念日和节假日时病情再次恶化。我必须警惕 Ann 对她女儿破坏性行为的认同。在她沮丧的高峰期，她觉得生活不值得过，但她没有自杀的念头。我成了她沮丧和愤怒的理想容器，也是她寻求具体建议的人，这是她父亲在她一生中扮演的角色。当她在电话里告诉我"你是唯一能帮助我的人"时，我怀疑自己是否能够起这个作用。起初，我很惊讶，因为在心理治疗期间，我从未有过 Ann 对我如此器重的印象。

随着抑郁症的缓解，她得以恢复正常生活。她有一小群朋友，经常和他们见面。她还开始参加各种各样的文化活动，这些活动给了她很大的乐趣。但更重要的是，她追求艺术，成了一名公认的画家。相比之下，她倾向于将老师理想化，这让她觉得自己更像是一名艺术家。在这一点上，我开始将她的理想化解释为对她自己野心的辩护。在这方面，她的父亲、我和她的老师代表了强大的男性形象。一个女人意味着软弱和被贬低。她女儿的自杀是女性软弱的又一例证。

接下来几年的分析集中在她作为一名画家发展自己的不懈努力上。她喜欢自己的创造力，她的工作受到了同龄人和老师的高度赞扬。直到现在，经过多年的分析，Pat 仍然在 Ann 的脑海中栩栩如生。我对这位患者的坚持感到困惑，便进一步询问了她和她女儿的关系。她非常想念女儿，没有女儿她感到非常孤独。她对 Pat "离开"感到生气。她为自己的这种感觉感到非常内疚。事实证明，尽管 Pat 在事业上取得了成就，但她对人际关系和生活感到困惑。Pat 很独立，但经常陷入绝望的危机。在这种时候，她会给妈妈打电话求助。他们进行了长时间的电话交谈。

Ann 很喜欢和女儿的这些对话。在自杀前的最后一年，Pat 离开了母亲，试图与母亲分离。Ann 对女儿的冷漠感到受伤和愤怒。在节日和周年纪念日前后，她对女儿的这种复杂感情得到了更强烈的激发。

讨论

Ann 的分析举例说明了这群患者常见的各种问题。成年子女死亡后会出现最初的震惊和抑郁。子女通常被理想化为一个非常特别的人，父母与他有着非常密切的关系。在治疗开始时通常不明显的是矛盾心理，因为理想化可能是出于防御目的。父母可能会强烈地认同子女，自己也会自杀，这是一种更严重的抑郁结果。分析师的理想化具有适应性和防御性功能，技术干预必须进行相应调整。当它起到自适应功能时，必须尊重理想化。这种理想化也可能代表将死去的子女的理想化置换到分析师身上。

尽管其中一些患者具有自恋障碍的人格特征，但文献表明，任何面临成年子女死亡的父母都会经历类似的反应。更具体地说，失去的成年子女在父母的情感生活中仍然是一个活跃的存在。Pollock（1961）在关于病理性哀伤的文章中指出，当客体被内射而没有认同时，由于缺乏同化，它在自我中以一个被包裹的意象存在。这个客体被体验为高度矛盾的客体。在这组患者中，客体是缺失的，它的缺失使患者感到极度孤独。这种依恋多年后依然存在，这表明成年子女在父母的情感生活中扮演着重要的自恋角色。在这里，我们可以结合 Freud 关于忧郁的自恋和矛盾起源的表述。我认为，我们在这群患者身上观察到的是长期或不完全的哀悼。目前尚不清楚的是，对于任何失去成年子女的父母来说，这种长期的哀悼是否是一种稳定的情绪状态。

分析在治疗这些患者中的作用是什么？他们为自己遭受的巨大痛苦寻求帮助。分析的过程帮助他们应对最初的抑郁，并处理自恋伤害和对死去孩子的矛盾心理所涉及的各种感受。希望他们能学会更好地适应正在进行的哀悼。一个常见的有利结果是创造力的发展。

哀悼的解放过程和创造力

Pollock（1982）对哀悼过程的解决如何影响创造力很感兴趣。他写了一篇关于 *The Case of Kathe Kollwitz* 的论文。Kollwitz 是德国著名的画家和雕塑家，她失去了她两个儿子中的一个——Peter，他在第一次世界大战初期被杀，年仅 18 岁。Peter 自己也在学习成为一名画家。Pollock 这样描述 Kollwitz 的新创造力：

在经历了几个月的极度悲痛之后，Kathe 召唤他出现来帮助她工作，她认为 Peter 被剥夺了自己做这件事的机会。随着儿子的去世，她一直在努力实现自己的艺术梦想，她开始激发自己的才华，她担心这种才华会随着她的绝经而消失。她重新焕发的创造力不仅标志着她的丧亲之痛得到了部分解决，也进一步标志着通过认同一个如果他活着的话可能会有创造力的孩子，能量得到了解放。(1982)[342-343]

1926 年 6 月，Kathe 和 Karl Kollwitz 第一次前往埋葬 Peter 的墓地。参观结束后，她为母亲和父亲雕刻了纪念碑，并能够想象它们将如何矗立在墓地中。她花了很多年的时间来计划、深思熟虑，甚至酝酿她对雕塑的想法。

也许只有在 8 年的哀悼中，她才能够充分感受到解放，开始实际的工作。(1982)[345]

Pollock 得出的结论是，对于失去孩子的母亲来说，哀悼过程从未完全完成；他们觉得自己没能充分保护孩子的生命。

Kohut（1971）认为创造力是自恋的成熟转化之一。他认为，在自恋型人格障碍的分析中，可能会出现一种新发现的能力以充满热情地完成某些任务，或者出现创造性艺术想法。对他来说，创造力与以前冻结的自恋性贯注的动员有关，无论是在宏大的自我领域还是在理想化的父母意象领域。

在她女儿自杀之前，Ann 就对绘画产生了兴趣。正是在哀悼的过程中、在分析的过程中，这种兴趣以一种强烈追求的形式出现。与 Kollwitz 的例子相反，这种创造力的高涨似乎与 Pat 创作性生活的延续无关，似乎与她情感生活中的转变和新的适应有关。

结论

成年子女的丧失会以不同的方式影响父母。父母的全能感因不能保护孩子而受到威胁。他/她觉得对孩子抛弃他/她负有责任并愤怒，即使原因不是自杀，就像 Pat 的情况一样。这会导致父母内疚，进而导致抑郁。还有一种观点认为，成年人的生活在事业、家庭和孩子等发展可能性的边缘被中断了。父母可能会为这个孩子没有子孙而悲伤。

为失去成年子女而哀悼是复杂的，而且从未完全结束。它要求父母终身调整价值观、期望，并接受我们对他人生活的有限影响。与 Freud 的假设相反，我们不会放弃对丧失的孩子的贯注，他仍然是一个我们不断怀念并记住的客体。

10 意想不到的临床体验：重新思考情感

塞缪尔·阿比瑟（Samuel Arbiser）

介绍

精神分析学诞生于 19 世纪末，当时正是显微镜和植根于实证主义的医学的全盛时期。精神分析起源于"普通的不快乐"的意外发现（Breuer et al., 1895d），隐藏在一系列被称为"癔症转化"的异质性躯体症状背后。尽管人们抱有期待，但无论是细胞病变还是细菌都无法解释这些疾病（Freud, 1888）。因此，在实证主义科学的框架内对上述的"不快乐"进行分类并不容易；相反，它被模糊地描述为"一个人生命中的环境和事件"（Freud, 1895d）。很快，一系列器质性问题和不确定或未知病因的疾病实体加入了疾病行列，以心身疾病的名义并入年轻的科学体系中。这些连续的步骤导致了当代医学概念的急剧变化，在理解医患关系及其精神病理学解释的过程中，不能忽视精神分析。反过来，精神分析也从这些新领域中获得了丰富的经验；关于心灵本质和心理-躯体关系的科学和哲学辩论不断发展并重新焕发活力（Rabossi, 1995）。

然而，当我们满怀信心地沿着这条使精神分析变得越来越全面的道路前进时，有时我们可能会感到惊讶。我们习惯于最终经常能发现阐明身体症状的"心理解释"，但我们并不总是为相反方向事件的出现做好准备：一系列典型的神经症症状、恐惧症，可能最终与严重的器质性病变纠缠在一起——在本文中描述的病例，是一种无症状的先天性脑血管瘤。此外，我们不应该夸大我们的反应。这绝不是什么新奇或罕见的案例，简单地说，是由 Ferenczi（1917）提出、Fenichel（1967）重新回顾、Pichon Rivière（1948）在我们的环境（阿根廷）中发展起来的被遗忘的病理神经症概念，在今天的精神分析文献、理论和临床问题讨论中被提及的频率要低得多。

本报告包含一个临床病例报告，粗略考虑，可以包括上述特征。阅读它会让我们分享困惑，提出问题和怀疑，并对危险的心理觉察、作为情感范式的焦虑和恐惧症等问题进行一些思考。

与这一目标一致，该病例将在全球范围内提出，并适当注意上述问题：肿瘤和恐惧症之间的关系；同时，它将有助于我最近对精神分析的具体目标的思考（Arbiser，2003），即在社会文化环境中发展的源于人类生活环境和事件的不可避免的痛苦。这与我们与动物世界共享情感生成的重要部分的断言是一致的，在智人身上，情感生成将是情感生活的历史（非本能）部分的基础，现在依赖于家庭和社会文化环境中的学习过程❶。从进化的角度来看，情感中枢可能位于前额叶皮质，这个部分在构成我们这个物种的最新原始人中高度发达（Leakey，1994），代价是鼻脑的退化（Netter，1987）。

临床交流

十多年前，一位 35 岁的已婚妇女来寻求咨询，她是两个不到 10 岁男孩的母亲。她兼职做销售代表，从中她几乎没有得到什么满足感。她无法完成大学学业，曾就读于一所精英高中，在那里她不是一名优秀的学生。她说，她是一个勤奋的学生，但不是一个精力充沛的学生，她在与同龄人的关系中没有存在感。当时她寻求咨询的原因是，她的家人和社会环境给她施加了压力，要求她带孩子去迪士尼乐园游玩，这迫使她不得不面对对飞行的巨大恐惧。她还有其他与幽闭恐惧症一致的恐惧症状，比如偶尔无法开车旅行，因为她感到被锁在家里，对此感到焦虑和窒息；她提到的另一个症状是她不喜欢进入游泳池或在海里游泳。正如任何典型的恐惧症情况，她对相关症状的

---

❶ 广义上的"学习过程"，与"本能"相对。

描述是不精确和令人困惑的。在家庭、工作和家庭责任的驱使下，她神经质性的限制和克服这些限制的顽强意志之间的斗争，解释了她症状缺乏连续性的原因。在其他表现出类似症状的患者中，限制通常是这场斗争的胜利者，因此无助和深度抑郁的退行性关联盛行。几年前就发生过类似的事情，当时她即将结婚，面临着这一事件的紧迫性，她遇到了一场危机，迫使她推迟了婚礼，并通过精神援助从中恢复过来。她以一种强迫的方式管理时间，将日常活动仪式化，以至于感觉时间从她手中溜走了。

在她的器质性症状表现中，患者报告了频繁且令人讨厌的过敏性鼻炎和结膜炎。她一直患有选择性吞咽困难，难以吞咽胶囊或片剂形式的药物。这些症状给人的印象是，她早产的情况给她留下了不可避免的身体和心理脆弱的印记。

诊断

当时（20世纪80年代末），我得出结论，在精神病理学层面上，这是一个恐惧-强迫症状的案例，它战胜了转化为同类特征性疾病的防御努力。❶ 涉及她结婚前上述危机的事件可以被理解为一种明显的短暂的退行性失代偿，无疑是由面对婚姻责任的压力引发的。这以一种戏剧性和突发性的方式表明，她在日常生活中以一种更加压抑的方式出现：一种不完全被接受或承认的与成熟相关的无能感，无法满足她的社会环境以及社会和家庭养育的象征所强加的重要要求。

在心理-社会诊断层面，这种社会文化归属的消费者愿望特征与患者获得这些愿望的有限经济可能性之间存在明显差异，例如令人垂涎的迈阿密之旅，这是值得注意的。这再次标志着需求和资源（经济和心理）之间的差异。

在动机诊断的层面上，患者的自我失调痛苦并没有成为好奇心的动力，以阐明她大量神经质症状的内在原因（人格的精神分析功能），而只是在旅行压力和恐惧造成的障碍之间的外部冲突中，表现为"真实的"，在我的实

---

❶ 今天，我不会忽视这个诊断；我只能说这不是她精神病理的轴心部分。从我目前的角度来看，最主要的方面是她在表现能力的过程中出现了缺陷，这是心身疾病患者的特征。

践中，当涉及证明开始分析性治疗的决定是否正确时，这条信息是至关重要的。她在分析师认为仅仅是挫折的情况中看到了冲突。

也就是说，她的动机主要源于真正解决旅行问题的冲动。似乎不太可能唤起她的任何兴趣来找出症状的含义并通过精神分析探寻来解决这些问题。因此，她表现得更像一个寻求症状压制的典型的精神病患者，而不是一个质疑这些症状的精神分析患者。❶

血管瘤

根据我对恐惧性神经症的初步诊断印象，被分析者开始了每周 2 次的治疗，并承诺在几个月后，一旦她的经济状况好转，就会进行每周 3 次的治疗。与这一预期相反，在开始治疗 1 年后，由于她自己和丈夫的工作情况出现了意外起伏，她不得不将频率降低到每周只有 1 次。在这些确凿事实的支持下，无论是一些不幸的情况，还是其他一些情况，让她坚定信念的顽固"现实主义"都得到了巩固。出于这个原因，我改变了策略，没有坚持通常的阻抗分析，而是根据我的常识给出了谨慎建议。无论如何，经过六年的治疗，被分析者的症状显示出明显改善的迹象，这是由于合格的心理治疗支持和陪伴，而不是来自顿悟的效果。在心理治疗和抗焦虑药的帮助下，被分析者终于实现了带孩子去迈阿密的愿望。尽管取得了这一成就，但她出现了非特异性头晕，这显然并不代表一种令人担忧的症状，这导致她经常向临床医生寻求咨询。奇怪的是，尽管医生认为这种症状表现并不重要，但她坚持补充临床检查，并表现出了固执的决心，对我来说，这是出乎意料的决心。这些检查最终将诊断定为位于左侧颞顶区的樱桃大小的皮质下血管瘤，它是极其脆弱的。总之，就是一枚即将爆炸的炸弹。

确切地说，正是这个问题，最初促使我进行了当前的临床沟通：在不了解事实的情况下，这个人有一种潜在的先天性异常，这意味着血管瘤自发破裂的可能性（尽管不确定），或由突然的压力变化引起血管瘤破裂，因此乘坐飞机旅行，或者在海里或游泳池里潜水实际上会带来严重的风险！

---

❶ 这些反思形成了本文第一版的一部分，在第一版中，我证明了我接受患者强加的低频率疗程计划的合理性。

想象一下，当我得知我最初希望通过精神分析治疗使她摆脱的所有症状，但是，她在一生中都足够有效地保护了她的损伤。❶ 同样令我惊讶的是，当我观察到她在漫长的治疗和治愈过程中，以一种惊人的直觉行事的方式，给观察者一种印象，她是被一种神秘的高级智慧所引导的，这种智慧使她避免了经典的神经外科手术的建议，而手术意味着会使她的大脑完整性受到真正的损害。因此，她最终遇到了一个医疗团队，该团队通过对肿瘤的传入和传出血管进行治疗性栓塞，实践了一种新的无出血治疗技术，可以通过血管导管到达治疗部位；这样，通过剥夺血管瘤的血液灌注，实现了愈合。她接受了两次成功的手术，彻底消除了脑血管意外的风险，这通常是致命的。

与这些医学变迁平行的是，另一个与家园和搬迁有关的有趣故事开始发展。自结婚以来，被分析者一直住在一间她宣称绝对和谐的公寓里。她很喜欢它，并根据自己的口味对它进行了装饰。随着儿子们的长大，她需要一个额外的房间，所以她决定搬家。在第二个房子中，她不仅经历了情感上的不适，而且还受到了不幸的困扰：她讨厌这个地方。值得注意的是，这些事故原来是……管道问题！管道会不断爆裂，或者厨房或浴室的地漏会溢水。这让她绝望了，也增加了她对这座命运多舛的房子的厌恶。更糟糕的是，在为她治疗肿瘤而进行的两次医疗手术已经过去 2 年时，楼上相邻的一间公寓发生了煤气泄漏引发的剧烈爆炸。在被分析者的公寓里，洗衣房和部分厨房被毁。此外，这起可怕的事故夺去了一名不幸女佣（邻居的女佣）的生命。由于事故发生在凌晨，她的任何家人都无法出现在爆炸中心附近。这些事件的悲惨现实（又是现实主义！）引导我采取谨慎的解释方法——避免将当时的残酷现实平庸化的可能——将公寓的管道问题与她体内的血管（血管瘤）联系起来，她避免了致命的后果，这在很大程度上要归功于她自己处理疾病诊断和治疗的能力。我还解释了年轻受害者（女佣）身上可能的致命结果的投射。这些与住房有关的事件的偶然发生提供了一个不容错过的机会，来解决

---

❶ 类似的事情也发生在 Oliver Sacks (1998) 身上，当时 90 岁的 Natasha 要求他不要治疗她的"丘比特病"，一种神经梅毒，因为她完全享受这种疾病在她身上产生的变化，把她变成一个充满活力、"活泼"的人，拥有年轻女性的活力。

明显创伤性事件的表征和语言处理。在这些事件发生之前，这位被分析者已经告诉我，在布宜诺斯艾利斯的 Amia 犹太社区中心发生恐怖炸弹袭击（1994 年 7 月）之后的治疗过程中，她整晚都在电视上看（为了不吵醒她的丈夫，把声音调小）不断重复的爆炸画面及其后果。在那个场合，我把这理解为她试图消化淹没她的东西，而另一方面，她的丈夫可以简单地通过做梦来消化。但在这种情况下，考虑到这些事件的残酷现实和人类生命的严重损失，我需要非常谨慎地进行干预。我相信"陈词滥调"的解释可能伤害了她细腻的情感，也平庸化了这些事件的实际意义和严酷的现实。然而，在出现这种魔鬼般的、无休止的裂缝和爆炸之前，被分析者在第二套公寓中所经历的那种无法解释的不适感和没有缓解的情况仍然存在，这是一个令人不安的问题。在我的临床经验中，我从未观察到与"地点"之间如此明显的爱恨情感关系，尽管记得 Pichon Rivière 作为一名教师，根据他对精神病患者或严重退化患者的临床经验，坚持他所谓的生态维度（1965）。他提到了对某些地理环境的强烈情感宣泄，这是他们投射到与母亲乳房的原始关系上的结果。在阿根廷，情感和地点之间的这种关系体现在单词 *querencia* 或 *pago*（家/家乡）的意义上。

反思

这种临床经验带来的反思迫使我们从更普遍的意义上重新审视 Freud 关于危险情境、痛苦和情感概念的教导，并按照同样的顺序，重新审视上述概念的生物学意义，以及人类文化（俄狄浦斯和语言）强加给他们的决定性印记。正如在本报告开头不断指出的那样，最近关于神经科学和精神分析的工作为这些问题提供了新的视角。

因此，人们可能会想：

① 恐惧-强迫症状，通常被认为是脉搏压力的预防行为，也可能被认为是由潜在危险的解剖损伤风险引发的预防行为吗？

② 如何解释被分析者进行诊断和治疗的有效性和决心，以及对最终能够完全恢复的非手术、医疗过程的发现？

③ 我们该如何解释她对第二套公寓的那种无法解释的或者只能部分解

释的发自内心的厌恶呢？

让我们首先澄清我们在开头提到的病理性神经症问题。如果试图将本病例与病理性神经症联系起来，则应承认器质性病理学和心理病理学之间的内在关系，前提是这种关系不能从这种病理学的心理成因的意义上理解，正如 Fenichel 所指出的那样。此外，精神症状应该是更普遍和非特异性的，它们不太可能构成系统化的神经症表现，如恐惧症。

但人们最终应该考虑到这样一种可能性：心灵主义可能能够探测到一种"解剖学上的"危险，除了发现它并将其保持在意识无法触及的范围之外，它可能能够组织一系列有症状的行为，这些行为明智地被证明是"符合目的的"。在极端情况下，这似乎无法令人信服，而 Freud 从未忽视世俗知识的来源，仍然坚持"第六感"存在的信念。❶ 我们还应该把她处理诊断和治疗的技巧，以及她对房子的神秘感情，归功于这种说不清道不明的感觉。

无论如何，在我们寻找解释的过程中，我们求助于 Freud（1926d，1933a）所说的"危险情境"，它主要表达了 1933 年被称为创伤因素的精神装置的经济动荡。但是，正如作者所假设的那样，为了能够成为一个有效的危险保护者，焦虑的机制必须通过所谓的焦虑条件（即母性客体的丧失、阉割恐惧、爱的丧失、对超我的恐惧、道德意识和社会痛苦）先于上述经济动荡。所有这些条件都直接或间接地涉及客体丧失，同样地，它们也涉及对驱力满足所隐含的外部危险的恐惧。然而，这些条件似乎不能解释对特定案例病变的内在固有危险的所谓检测，因为这些条件涉及与人类文化方面有关的危险（客体丧失），而不是在其生物性方面。参考情感回路的组成部分，Regina Pally（1998）区分了自动情感反应（杏仁核）和通过记忆功能干预前额叶皮质所蕴含的这些反应的变化，这是人类特有的。❷

---

❶ 在起草这篇文章时考虑到这些问题，我想起了一位年轻分析家的有力叙述："……我在睡觉……大概是凌晨 2 点到 3 点……我不知道，一开始我以为这是个梦……我听到了一种声音，就像门慢慢打开时发出的声音……就像嘎吱嘎吱的声音一样，我举起手，使一面大镜子偏转，镜子从壁橱上层的门上掉下来，正落在我的头上……它掉在地上摔成了碎片……我大声喊叫，父亲绝望地跑了进来……"

❷ "杏仁核会激活自动反应。人类完全发育的前额叶皮质可能会将杏仁核的自动反应转化为基于以往经验的决定和选择……人类的焦虑可能是为预测危险的能力付出的高昂代价。低等动物会因为错误的选择而承受后果，但它们事先并不为此担心。"（Pally，1998）[354]

回到精神分析解释的领域，有可能求助于 Freud（1917d）所说的诊断性梦吗？它认为，在通往睡眠初级自恋的退行道路上，力比多将自己投入身体的表征中。脑损伤可能形成类似于一大的残留物，需要不情愿地撤回力比多的贯注。然而，在该案例中，它的出现或多或少是被掩藏的，或者在梦的外显内容中，或以某种隐藏的方式，或者在清醒状态下发生的思想中，这都是可以解释的。更难以推断的是，它应该在典型的神经症的伪装下出现，更不可信的是，它应该诱导一系列极其复杂的行为，最终导致被分析者的诊断和治疗被有效处理，并引导她选择最佳方案。作为结论，最简单的选择似乎是相信幸运巧合的假设，并在我们毫无疑问地坚持"心理决定论"的过程中，给随机性更大的重视。

猜想

我现在想提及本案例起草过程中产生的一些想法，同时强调任何猜测都应该谨慎。

对情感的一般意义，特别是对物种生存焦虑的机制，以及这种特定情感在通往我们动物本性人性化的道路上所经历的变迁进行反思的必要性变得显而易见。在这一思路下，Gioia（1996）的著作除了为最近的行为学研究提供有价值的信息外，还重新审视了达尔文主义的观点，并试图重新建立情感（特别是恐惧）的生物连续性和不连续性。在我看来，情感是人类心理功能的基础和主要组成部分，它们通过强加于良心的广泛的审美调性，为我们在世界上的行为提供了很大一部分方向。Green（1973，1990b）在他对情感的完整精神分析研究中，认识到在情感的起源中存在着异常的复杂性，存在着对 Freud 的元心理学地位（数量和表征）提出质疑的多样性表达，特别是所有表征都起源于知觉的断言。因此，他提出了一种沿着主要符号化的路线进行的研究，被描述为对主要功能逻辑做出反应的个人经验矩阵，这些逻辑不区分情感和表征。

考虑到这一点，很容易通过引用系统发育记忆的概念来解释这种情况的特殊性——这对 Freud 来说一点也不陌生：情感就像物种的癔症（hysteria of the species）。通过将这一概念的范围扩展到智人之外，我将我的推理建立在幸存物种继承的智慧的残余之上，这是达尔文进化论的典型观点。在这方面，我回忆起我接受医学培训的日子，在生理学实验室对小动物进行的实验：当它们的甲状旁腺（调节体内钙含量的腺体）被切除时，在两个装有牛奶的容器面前，被剥夺了腺体的老鼠毫不犹豫地转向牛奶中含有丰富矿物质的那个容器。大家都知道，自然灾害发生前，动物们会惊恐地逃跑。就像刚出生的人类婴儿在子宫外存活几周后就失去了与生俱来的游泳能力一样，动物世界的很大一部分内在情感（用于自我愈合，免受捕食者和自然偶发事件的影响）在我们物种的人性化过程中被放弃了。就生存而言，我们心理的高度复杂性弥补了这些损失，这种复杂性与文化世界的相应复杂性密不可分；通过对文化资产的管理，人类生物相对于其他物种的特有的无助得到了相对的补偿。情感的生物学基础必然与社会文化生活的新条件交织在一起，这意味着在组织、构建和管理生命脉动的（俄狄浦斯情结）方面具有非凡的复杂性，而生命脉动（俄狄浦斯情结）又受语言世界的制约，引入了非凡而无限的语义多样性。生存和成功的繁殖不仅仅依赖于自然界，也依赖于上述文化资产的生产和经营。正如 Freud 一直坚持的并且最近在神经学层面得到了证实（Pally，1998），神经症显然成了这一路径的代价和不可阻挡的印记；恐惧症中固有的预防措施是一个明显的例子，说明了恐惧被置换为旨在保护的生物资产，并服从于人类。

综上所述，我敢大胆地提出以下假设来解释这个临床病例：这位患者的恐惧症与脑部病变没有内在的关系，但后者利用了前者，并受到一个 X 因素的引导，我们推测，这个 X 因素是自体保护的"生物智慧"在某种程度上的持续存在。许多被归结于通俗而神秘的"第六感"的神秘现象，如第 190 页脚注❶中提到的另一位年轻患者的意外事件，或对某些地方的吸引或厌恶，最终可能都在这种解释的范围内。在这方面，神经科学和精神分析共同的跨学科方法将提供更大的科学支持，以取代对这种经常被唤起的感觉的浪漫吸引力。

参考文献

Anzieu, D. (1986). *Freud's Self-Analysis*. Translated from the French by Peter Graham. With a Preface by M. Masud R. Khan. *The International Psycho-Analytical Library, 118*: 1–596. London: Hogarth and the Institute of Psycho-Analysis.

Arbiser, S. (2003). Psiquis y Cultura. *Psicoanálisis, ApdeBA, XXV*(1): 193.

Assoun, P.-L. (1997). *Psychanalyse*, Paris: PUF.

Barale, F. (1988). Nota bibliografia su Sigmund Freud. In: A. Semi (Ed.), *Trattato di psicoanalisi. Teoria e tecnica* (pp. 131–144). Milan: Raffaello Cortina.

Baranger, M., & Baranger, W. (2008). The analytic situation as a dynamic field. *International Journal of Psycho-Analysis, 89*: 795–826.

Baron-Cohen, S. (2011). *The Science of Evil: On Empathy and the Origins of Cruelty*. New York: Basic Books.

Baron-Cohen, S., Tager-Flusberg, H., & Cohen, D. J. (Eds.) (2000). *Understanding Other Minds: Perspectives From Developmental Cognitive Neuroscience* (2nd edn). New York: Oxford University Press.

Bick, E. (1968). The experience of the skin in early object-relations. *International Journal of Psycho-Analysis, 49*: 484–486.

Bion, W. R. (1962). *Learning from Experience*. London: Tavistock.

Bion, W. R. (1965). *Transformations. Change from Learning to Growth*. London: Heinemann.

Blass, R. B. (1992). Did Dora have an Oedipus complex? A re-examination of the theoretical context of Freud's "Fragment of an analysis". *Psychoanalytic Study of the Child, 47*: 159–187.

Blass, R. B. (2012). The ego according to Klein: return to Freud and beyond. *International Journal of Psycho-Analysis, 93*: 151–166.

Blass, R. B., & Simon, B. (1994). The value of the historical perspective to contemporary psychoanalysis: Freud's 'seduction hypothesis'. *International Journal of Psycho-Analysis, 75*: 677–693.

Bollas, C. (2007). *The Freudian Moment*. London: Karnac.

Bolognini, S. (2004). Intrapsychic-Interpsychic. *International Journal of Psycho-Analysis, 85*: 337–358.

Bolognini, S. (2008). Freud's objects. Plurality and complexity in the analyst's inner world and in his "working self". *Italian Psychoanalytic Annuals, 2*: 43–57.

Botella, C., & Botella, S. (2001). *La Figurabilité Psychique*. Lausanne: Delachaux et Niestlé.

Botella, C. & Botella, S. (2004). *The Work of Psychic Figurability. Mental States Without Representation*. The New Library of Psychoanalysis, New York: Brunner-Routledge.

Brenner, C. (1950). Review of 'A contribution to the theory of anxiety and guilt' by Melanie Klein. *Psychoanalytic Quarterly, 19*: 607–609.

Brenner, C. (2008). Aspects of psychoanalytic theory: drives, defense, and the pleasure–unpleasure principle. *Psychoanalytic Quarterly*: 77(3): 707–717.

Breuer, J., & Freud, S. (1895d). *Studies on Hysteria*. S.E., 2: 1–17. London: Hogarth.

Chervet, B. (2008). L'après-coup. La trace manquante et ses mises en abyme. In: *Bulletin de SPP*. Paris, n. 90 nov/dec 2008. Trad: (2009). *O après-coup. O traço perdido e suas mises en abyme*. In: *Revista de Psicanálise da SPPA*, v. XVI, n.1, abril, 2009.

Civitarese. G. (2010). *The Intimate Room*. London: Routledge.

Compton, A. (1972). Study of the psychoanalytic theory of anxiety. II. Developments in the theory of anxiety since 1926. *Journal of the American Psychoanalytic Association*, 20: 341–394.

Davis, M., Walker, D. L., Miles, L., & Grillon, C. (2009). Phasic vs sustained fear in rats and humans: role of the extended amydala in fear vs anxiety. *Neuropsychopharmacology Reviews*, 35(1): 1–31.

De Bianchedi, E. T., Scalozub de Boschan, L., de Cortiñas, L. P., & de Piccolo, E. G. (1988). Theories on anxiety in Freud and Melanie Klein: their metapsychological status. *International Journal of Psycho-Analysis*, 69: 359–368.

de Mijolla, A. (2003). *Freud. Fragments d'une histoire*. Paris: PUF.

Denis, P. (1997). *Emprise et satisfaction, les deux formants de la pulsion*. Paris: PUF.

Derrida, J. (1987). *The Post Card: From Socrates to Freud and Beyond*, A. Blass (Trans.). Chicago & London: University of Chicago Press.

Derrida, J. (2007). *Psyche: Inventions of the Other, Volume I*, Stanford: Stanford University Press.

Derrida, J. (2008). *Psyche: Inventions of the Other, Volume II*, Stanford: Stanford University Press.

Erikson, E. (1982). *The Life Cycle Completed*. New York: Norton.

Falcão, L. (2008). Construções em análise hoje: a concepção freudiana ainda é válida? *Revista Brasileira de Psicanálise*, 42(3): 69–81.

Falcão, L. (2009). O par regressividade extintiva/imperativo processual: as bases do processo do après-coup conforme Bernard Chervet. *Revista de Psicanálise da SPPA*, XVI(1).

Falcão, L. (2010). Figurabilité en acte et flash corporel. *Revue Française de Psychanalyse*, LXXIV.

Fenichel, O. (1967). *Teoría general de la Neurosis*. Buenos Aires: Paidós.

Ferenczi, S. (1917). Las Patoneurosis. *Psicoanálisis*, Tomo ll, Madrid (Espasa Calpe S.A., 1981).

Ferro, A. (2002). *In the Analyst's Consulting Room*. London: Routledge.

Ferro, A. (2005). *Seeds of Illness, Seeds of Recovery: The Genesis of Suffering and the Role of Psychoanalysis*. London: Routledge.

Ferro, A. (2010). *Mind Works: Technique and Creativity in Psychoanalysis*. London: Routledge.

Ferro, A., & Foresti, G. (2008). "Objects" and "characters" in psychoanalytical text/dialogues. *International Forum Psychoanalysis*, 17: 71–81.

Ferruta, A. (2011a). The three essays on the theory of sexuality revised. *Bulletin of the European Federation of Psychoanalysis*, 64: 50–52.

Ferruta, A. (2011b). Continuitá o discontinuitá tra narcisismo sano e patologico configurazioni oscillatorie. *Rivista di Psicoanalisi, 57*: 17–34.

Foresti, G., & Rossi Monti, M. (2010). *Esercizi di Visioning*. Rome: Borla.

Freud, A. (1966). *The Ego and the Mechanisms of Defense*. New York: IUP.

Freud, S. (1884a). The neuro-psychoses of defence. *S.E., 3*: i–vi. London: Hogarth.

Freud, S. (1888). Some points for a comparative study of organic and hysterical motor paralyses. *S.E., 1* (1886–1899): 157–172. London: Hogarth.

Freud, S. (1892). *Draft L [Notes I] from Extract from the Fliess Papers. S.E., 1* (1886–1899): 248–250. London: Hogarth.

Freud, S. (1893d). On the psychical mechanism of hysterical phenomena: preliminary communication. *S.E., 2*: 3–17. London: Hogarth.

Freud, S. (1894). Manuscript E. *S.E., 1*: 228–234. London: Hogarth.

Freud, S. (1895). On the right to separate from neurasthenia a definite symptom-complex as "anxiety neurosis". *S.E., 3*: 85. London: Hogarth.

Freud, S. (1895a). Project for a scientific psychology. *S.E., 1*: 295–397. London: Hogarth.

Freud, S. (1895b). On the grounds for detaching a particular syndrome from neurasthenia under the description 'anxiety neurosis'. *S.E., 3*: 85–117. London: Hogarth.

Freud, S. (1895d). *Studies on Hysteria. S.E., 2*: 269. London: Hogarth.

Freud, S. (1900a). *The Interpretation of Dreams. S.E., 4–5*. London: Hogarth.

Freud, S. (1905e). *Fragments of an Analysis of a Case of Hysteria. S.E., 7*: 1–122. London: Hogarth.

Freud, S. (1914). On the history of the psychoanalytic movement. *S.E., 14*: 7–66.

Freud, S. (1914c). On narcissism: an introduction. *S.E., 14*: 73–102. London: Hogarth.

Freud, S. (1915). Repression. *S.E., 14*: 141. London: Hogarth.

Freud, S. (1915c). Instincts and their vicissitudes. *S.E., 14*: 109–140. London: Hogarth.

Freud, S. (1915d). The unconscious. *S.E., 14*: 178. London: Hogarth.

Freud, S. (1915e). The unconscious. *S.E., 14*: 159. London: Hogarth.

Freud, S. (1916–1917). Introductory Lectures on Psycho-analysis, Part III. *S.E., 16*: 243–463. London: Hogarth.

Freud, S. (1917d). A meta-psychological supplement to the theory of dreams. *S.E., 14*: 217–235. London: Hogarth.

Freud, S. (1917e). *Mourning and Melancholia. S.E., 14*: 237–258. London: Hogarth.

Freud, S. (1919c). A child is being beaten. *S.E., 17*: 175–204. London: Hogarth.

Freud, S. (1920g). *Beyond the Pleasure Principle. S.E., 18*: 7–64. London: Hogarth.

Freud, S. (1921c). Group psychology and the analysis of the ego. *S.E. 18*: 69–143. London: Hogarth.

Freud, S. (1923b). *The Ego and the Id. S.E., 19*: 12–66. London: Hogarth.
Freud, S. (1924c). The economic problem of masochism. *S.E., 19*: 159–170. London: Hogarth.
Freud, S. (1925d). *An Autobiographical Study. S.E., 20*: 3–76. London: Hogarth.
Freud, S. (1926d). *Inhibitions, Symptoms and Anxiety. S.E., 20*: 77–175. London: Hogarth.
Freud, S. (1930a). *Civilization and Its Discontents. S.E., 21*. London: Hogarth.
Freud, S. (1933[1932]). *New Introductory Lectures on Psycho-analysis.* Femininity. *S.E., 22*: 112–135. London: Hogarth.
Freud, S. (1933a). *New Introductory Lectures on Psychoanalysis. S.E., 22*: 7–182. London: Hogarth.
Freud, S. (1937c). Analysis terminable and interminable. *S.E., 23*: 216–253. London: Hogarth.
Freud, S. (1939a). *Moses and Monotheism. S.E., 23*: 1–137. London: Hogarth.
Freud, S. (1940a[1938]). *An Outline of Psychoanalysis. S.E., 23*: 145. London: Hogarth.
Freud, S. (1940b[1938]). Some elementary lessons of psychoanalysis. *S.E., 23*: 144–207. London: Hogarth.
Freud, S. (1940c[1938]). The splitting of the ego in the process of defence. *S.E., 23*: 275–278. London: Hogarth.
Funari, E. (1988). Contestualità e specificità della psicoanalisi. In: A. Semi (Ed.), *Trattato di psicoanalisi. Teoria e tecnica* (pp. 3–39). Milan: Raffaello Cortina.
Gaburri, E., & Ferro, A. (1988). Gli sviluppi kleiniani e Bion. In: A. Semi (Ed.), *Trattato di psicoanalisi. Teoria e tecnica*. Milan: Raffaello Cortina.
Gay, P. (1988). *Freud, A Life For Our Time*. New York & London: W. W. Norton.
Gioia, T. B. (1996). *Psicoanálisis y Etología*. Buenos Aires: Typos.
Glasman, S. (1983). El superyó, nombre perverso del padre. *Conjetural 2, 22*.
Glover, E. (1945). Examination of the Klein System of Child Psychology. *Psychoanalytic Study of the Child, 1*: 75–118.
Green, A. (1973). *The Living Discourse: the Psychoanalytic Conception of Affect*. Paris: PUF.
Green, A. (1983). *Narcissisme de vie, narcissisme de mort*. Paris: Ed. de Minuit.
Green, A. (1984). Pulsion de muerte, narcisismo negativo, función desobjetalizante. In: *La pulsion de muerte*. Buenos Aires: Amorrortu Editores, 1998.
Green, A. (1986). *On Private Madness*. London: Paterson.
Green, A. (1990a). *La folie privée*. Paris: Ed. Gallimards.
Green, A. (1990b). *De locuras privadas*. Buenos Aires: Amorrortu Editores.
Green, A. (1993). *Le Travail du Négatif*. Paris: Les éditions de Minuit.
Green, A. (2002). Intrapsychique et l'intersubjectif. Pulsions et/ou relations d'objet. In: *La pensée clinique*. Paris: Ed. Odile Jacobs.
Green, A. (2007a). *Pourquoi les pulsions de destruction ou de mort?* Paris: Ed. Du Panamá.

Green, A. (2007b). Pulsions de destruction et maladies somatiques. In: *Revue française de psychosomatique* (pp. 45–70). Paris: PUF, 2007.

Grubrich-Simitis, I. (1993). *Back to Freud's Texts: Making Silent Documents Speak*. New Haven: Yale University Press, 1996.

Grubrich-Simitis, I. (1997). *Early and Late Freud: Reading Anew 'Studies on Hysteria' and 'Moses and Monotheism'*. London: Routledge.

Hagman, G. (1995). Mourning: a review and reconsideration. *International Journal of Psycho-Analysis, 76*: 909–925.

Hartman, H. (1964). *Essays on Ego Psychology*. New York: IUP.

Hartman, H., Kris, E., & Lowenstein, R. (1949). Notes on the theory of aggression. *Psychological Issues, 4*(2): 67.

Hinshelwood, R. D. (1989). *A Dictionary of Kleinian Thought*. London: Free Association.

Kahn, L. (2009). Comunicação oral durante o 69 Congrèss de Psychanalyse de Langues Franceses, Paris, 2009.

Kancyper, L. (1997). Resentment and hate in normal and pathological mourning. In: *Psychoanalysis in Argentina*. Buenos Aires: Asociación Psicoanalítica Argentina.

Kernberg, O. F. (1996). Thirty methods to destroy the creativity of psychoanalytic candidates. *International Journal of Psycho-Analysis, 77*: 1031–1040.

Klein, M. (1935). A contribution to the psychogenesis of manic-depressive states. In: *Love, Guilt, and Reparation and Other Works, 1921–1945* (pp. 262–289). New York: The Free Press, 1975.

Klein, M. (1940). Mourning and its relation to manic-depressive states. In: *Love, Guilt, and Reparation and Other Works, 1921–1945* (pp. 344–369). New York: The Free Press, 1975.

Klein, M. (1946). Notes on some schizoid mechanisms. *International Journal of Psycho-Analysis, 27*: 99–110.

Klein, M. (1948). On the theory of anxiety and guilt. In: *Envy and Gratitude and Other Works, 1946–1963* (pp. 25–42). London: Hogarth, 1975.

Kohut, H. (1971). *The Analysis of the Self*. New York: International Universities Press.

Kohut, H. (1977). *The Restoration of the Self*. London: Paterson.

Kohut, H. (1984). *How Does Analysis Cure?* Chicago: University of Chicago.

Lacan, J. (1949). The mirror stage as formative of the I function as revealed in psychoanalytic experience. In: *Écrits* (pp. 75–81). New York: Norton, 2006.

Lacan, J. (1953). *Le Seminaire, Livre I. Les écrits techniques der Freud*. Paris: Seuil, 1975.

Lacan, J. (1955–1956). *Le Seminaire, Livre III. Les Psychoses*. Paris: Seuil, 1981.

Lacan, J. (1956–1957). *Le Seminaire, Livre IV*. Paris: Seuil, 1994.

Lacan, J. (1958–1959). Le désir et son interprétation. *Le Seminaire, Livre VI*. Unpublished.

Lacan, J. (1962–1963). L'angoisse. *Le Seminaire, Livre X*. Paris: Seuil, 2004.

Lacan, J. (1964). Les quatre principes foundamentaux de la psychanalyse. *Le Seminaire, Livre XI*. Paris: Seuil, 1964.

Lacan, J. (1966–1967). La logique du fantasme. *Le Seminaire, Livre XIV*. Unpublished.

Lacan, J. (1972–1973). Encore. *Le Seminaire, Livre XX*. Paris: Seuil, 1975.

Lacan, J. (1975–1976). Le sinthome. *Le Seminaire, Livre XXIII*. Paris: Seuil, 2005.

Laplanche, J., & Pontalis, J.-B. (1967). *Diccionario de psicoanálisis*. Buenos Aires: Labor, 1971.

Leakey, R. (1994). *El origen de la humanidad*. Madrid: Debate, 2000.

Ledoux, J. (1996). *The Emotional Brain*. New York: Simon & Schuster.

Mahony, P. (1987). *Freud as a Writer*. New Haven: Yale University Press.

Mahony, P. (2002). Freud's writing: his (w)rite of passage and its reverberations. *Journal of the American Psychoanalytic Association, 50*: 885–907.

Major, R., & Talagrand, C. (2006). *Sigmund Freud*. Paris: Gallimard.

Miliora, M., & Ulman, R. (1996). Panic disorder: a bioself-psychological perspective. *Journal of the American Academy of Psychoanalysis, 24*: 217–225.

Momigliano, L. N. (1987). A spell in Vienna—but was Freud a Freudian?—an investigation into Freud's technique between 1920 and 1938, based on the published testimony of former analysands. *International Review of Psycho-Analysis, 14*: 373–389.

Money-Kyrle, R. E. (1955). An inconclusive contribution to the theory of the death instinct. In: M. Klein, P. Heimann & R. E. Money-Kyrle (Eds.), *New Directions in Psychoanalysis* (pp. 499–509). London: Tavistock, 1955.

Moore, B. & Fine, B. (1990). Anxiety. Psychoanalytic terms and concepts. In: D. Tuckett & N. A. Levinson (Eds.), *PEP Consolidated Psychoanalytic Glossary*, 2010. Available at: www.pep-web.org

Musatti, C. (1948). *Trattato di Psicoanalisi*. Turin: Einaudi.

Musatti, C. (1978). Avvertenza editoriale. In: *Freud S. (1924–1929) Opere*. Boringhieri: Torino.

Neri, C. (1998). *Group*. London: Jessica Kingsley.

Neri, C., Correale, A., & Fadda, P. (1987). *Letture Bioniane*. Rome: Borla.

Netter, F. H. (1987). Sistema nervioso: anatomía y fisiología. In: *Colección Ciba de Ilustraciones*. Barcelona: Salvat.

Newman, K. (2007). Therapeutic action in self psychology: two dimensions of selfobject failure. *Psychoanalytic Quarterly, 76*: 1513–1546.

Newman, K. (Unpublished). A more usable Winnicott, including a reexamination of the role of affects.

Ogden, T. (2009). *Rediscovering Psychoanalysis. Thinking and Dreaming, Learning and Forgetting*. London: Routledge.

Pally, R. (1998). Emotional processing: the mind–body connection. *International Journal of Psycho-Analysis, 79*: 349.

Panksepp, J. (1998). *Affective Neuroscience: The Foundations of Human and Animal Emotions* (pp. 191–205). New York: Oxford University Press.

Peskin, L. (1988). La angustia . . . rostro imaginario de lo real. *Revista de la Asociación Psicoanalítica Argentina*, *45*(4): 805–814.

Peskin, L. (2001). El objeto no es la Cosa. *Revista de la Asociación Psicoanalítica Argentina*, *58*(3): 571–588.

Petrella, F. (1988). Il modello freudiano. In: A. Semi (Ed.), *Trattato di psicoanalisi. Teoria e tecnica* (pp. 41–130). Milan: Raffaello Cortina.

Pfaff, D. (2007). *The Neuroscience of Fairplay*. Washington, DC: Dana Press.

Pichon Rivière, E. (1948). Conceptos básicos en Medicina Psicosomática. In: *Del Psicoanálisis a la Psicología Social*. Buenos Aires: Galerna, 1971.

Pichon Rivière, E. (1965). Freud, punto de partida de la Psicología Social. In: *Del Psicoanálisis a la Psicología Social*. Buenos Aires: Galerna, 1971.

Pollock, G. (1961). Mourning and adaptation. *International Journal of Psycho-Analysis*, *42*: 341–361.

Pollock, G. (1982). The mourning-liberation process and creativity. The case of Kathe Kollwitz. *The Annual of Psychoanalysis*, *10*: 333–353.

Quinodoz, J.-M. (2004). *Reading Freud*. London: Taylor & Francis.

Rabossi, E. (1995). *Filosofía de la Mente y Ciencia Cognitiva*. Barcelona: Ediciones Paidós Ibérica.

Rapaport, D. (1953). On the psychoanalytic theory of affect. *International Journal of Psychoanalysis*, *34*: 177–198.

Ricoeur, P. (1990). *Soi-même comme un autre*. Paris: éditions du Seuil.

Riolo, F. (1991). Theory as a dimension of the analytic object. *Rivista di Psicoanalisi*, *37*: 132–183.

Riolo, F. (2010). Trasformazioni in allucinosi. *Rivista di Psicoanalisi*, *56*: 635–649.

Rotemberg, H. (2006). *Estructuración de la subjetividad (Structuring of the Subjectivity)*. Buenos Aires: Ediciones del Signo.

Rotemberg, H. (2010). La condizione soggettiva e la problemática del male (The subjective condition and the problematic of evil). In: V. De Blasi & A. Vitali (Eds.), *Narcissismo e Mentalizzazione (Narcissism and Mental Growth)* (pp. 13–21). Roma: Alpes.

Sacks, O. (1998). *The Man Who Mistook his Wife for a Hat*. New York: Touchstone.

Sandler, J., Holder, A., Dare, C., & Dreher, A. U. (1997). *Freud's Models of the Mind: An Introduction*. London: Karnac.

Semi, A. (1988a). *Trattato di psicoanalisi. Teoria e tecnica*. Milan: Raffaello Cortina.

Semi, A. (1988b). *Trattato di psicoanalisi. Clinica*. Milan: Raffaello Cortina.

Servadio, E. (1951). Prefazione. In: *Freud S. (1926) Inibizione sintomo e angoscia* (pp. 5–23). Einaudi: Torino.

Socarides, D., & Stolorow, R. (1984). Affects and selfobjects. In: *The Annual of Psychoanalysis*, *12/13* (pp. 105–119). Madison, CT: International Universities Press.

Speziale-Bagliacca, R. (2002). *Freud Messo a Fuoco: Passando dai Padri alle Madri*. Turin: Bollati Boringhieri.

Spillius, E. B., Milton, J., Garvey, P., Couve, C., & Steiner, D. (2011). *The New Dictionary of Kleinian Thought*. London: Routledge.

Steiner, J. (1990). Pathological organizations as obstacles to mourning: the role of unbearable guilt. *International Journal of Psycho-Analysis*, 71: 87–94.

Strachey, J. (1959). Editor's introduction. In: *The Complete Psychological Works of Sigmund Freud, Vol. 22* (pp. 77–86). London: Hogarth.

Tolpin, M. (1971). On the beginning of a cohesive self: an application of transmuting internalization to the study of transitional objects and anxiety. *The Psychoanalytic Study of the Child*, 26: 316–352.

Waelder, R. (1936). The principle of multiple function. *Psychoanalytic Quarterly*, 5: 45–62.

Wallerstein, R. S. (1988). One psychoanalysis or many? *International Journal of Psycho-Analysis*, 69: 5–21.

Wallerstein, R. S. (1990). Psychoanalysis: the common ground. *International Journal of Psycho-Analysis*, 71: 3–20.

Wallerstein, R. S. (2005). Will psychoanalytic pluralism be an enduring state of our discipline? *International Journal of Psycho-Analysis*, 86: 623.

Wallon, H. (1965). *Estudios sobre psicología genética de la personalidad*. Buenos Aires: Lautaro.

Winnicott, D. W. (1958). *Collected Papers: From Pediatrics to Psychoanalysis*, with an Introduction by Masud Khan. London: Karnac.

Winnicott, D. W. (1965). *The Maturational Processes and the Facilitating Environment*. London: Hogarth.

Winnicott, D. W. (1968). Les enfants et l'apprentissage. In: F. de Brigitte Bost (Trans.), *Conversations ordinaires*. Paris: Gallimard, coll. "Connaissance de l'inconscient", 1988, p. 163.

Winnicott, D. W. (1969). The use of an object and relating through identifications. *International Journal of Psycho-Analysis*, 50.

Winnicott, D. W. (1971). *Playing and Reality*. London: Tavistock.

Yorke, C. (1971). Some suggestions for a critique of Kleinian psychology. *Psychoanalytic Study of the Child*, 26: 129–155.

Zetzel, E. R. (1956). An approach to the relation between content and concept in psychoanalytic theory (with special reference to the work of Melanie Klein and her followers). *Psychoanalytic Study of the Child*, 11: 99–121.

专业名词英中文对照表

abeyance	中止
actual neuroses	实际神经症
aggressiveness	攻击性
agoraphobia	广场恐惧症
anticathexis	反贯注
automatic anxiety	自动焦虑
beyond the pleasure principle	超越快乐原则
birth trauma	出生创伤
breakdown anxiety	崩解焦虑
castration anxiety	阉割焦虑
cathexis	贯注
conscious	意识
conversion hysteria	转换型癔症
counter-transference	反移情
defensive process	防御过程
depersonalization	人格解体
displacement	置换
dual relationship	二元关系
ego	自我
ego-resistance	自我阻抗
Eros	性欲
etiopathogeny	发病机理
extinctive regressiveness	灭绝性退行
first theory of anxiety	第一焦虑理论
fixation	固着
gain from illness	疾病获益
good-enough maternal adaptation	足够好的母性适应
growing tension due to need	基于需求的成长张力
guilt conscience	内疚的良心
hysteria	癔症（歇斯底里）

Id	本我
instinctual impulse	本能冲动
judicious thinking	明智的思考
libidinal cathexis	力比多贯注
libidinal disequilibrium	力比多失衡
libidinal haemorrhage	力比多大量流失
Libido	力比多
maternal reverie	母性遐思
Metapsychology	元心理学
mirror stage	镜像阶段
mirror transfer	镜映移情
moral anxiety	道德焦虑
mother-child dyad	母亲-孩子二元体
mourning	哀悼
neurasthenia	神经衰弱症
neurotic anxiety	神经症性焦虑
obsessional neurosis	强迫性神经症
object petit a	客体小a
object-losses	客体丧失
object-relation	客体关系
object's representation	客体表征
Oedipus complex	俄狄浦斯情结
original narcissistic stage	原初自恋阶段
partial object	部分客体
perceptible object	可感知的客体
perceptual identity	知觉认同
post-Oedipal narcissistic stage	后俄狄浦斯自恋阶段
pre-conscious	前意识
pre-edipic mother	前俄期母亲
prehistoric father	史前的父亲

primary identification	原初认同
primordial anxiety	原始焦虑
progressive movement（progrediente）	进展运动
projection	投射
projective identification	投射性认同
psychoanalytic Weltanschauung	精神分析世界观
reaction-formation	反向形成
real anxiety	真实焦虑
realistic anxiety	现实焦虑
repression resistance	潜抑阻抗
repression	潜抑
resistance	阻抗
sadistic	施虐的
secondary narcissistic stage	次级自恋阶段
self-object	自体客体
self-preservation	自体保存
sexual instinct	性本能
sexual objects	性客体
signal anxiety	信号焦虑
social anxiety	社会焦虑
substitutive formation	替代形成
successive secondary identification	连续次级认同
superego	超我
suppression	压制
symptom-formation	症状形成
the anaclitic love	依赖的爱
the depressive position	抑郁位相
the mirror crossroad	镜像十字路口
the paranoid-schizoid position	偏执分裂位相
the pleasure principle	快乐原则

the principle of reality	现实原则
the psychic apparatus	精神装置
the secondary process	次级过程
the sexual identity	性别认同
the stereotyped repetition	刻板重复
the thirdness	第三方
the true self	真实自体
thought identity	思维认同
total object	整体客体
transference resistance	移情阻抗
unconscious	潜意识
undo	撤销
working-through	修通